理 工 系

微分方程式の基礎

長町重昭・香田温人 共著

学術図書出版社

まえがき

　微分方程式の教科書は変数分離形と呼ばれる方程式の解法から書き始められることが多いが，この本はいろいろな現象を記述することができるうえに簡単に解くことのできる定数係数の線形微分方程式から書き始めた．この方程式には，解の存在と一意性という基本的に重要な性質が，不定積分は積分定数の差を除いて一意的に存在するというよく知られた事実から従うという特長がある．

　第 1 章は定数係数の線形微分方程式を扱う．n 次方程式は n 個の解をもつという事実は重要である．なぜならこれらの解を用いて線形同次微分方程式の解は書き下せるからである．2 次方程式は解の公式があるので 2 個の解はすぐ見つけることができる．しかし 100 次方程式ともなると 100 個の解があるのはわかっているがそれを見つけるのは容易でない場合が多い．これは，1 年は閏年でも 366 日であるのでもし人が 367 人集まれば必ず同じ誕生日の人が 2 人以上いるのは自明であるが，それが誰と誰であるかを捜すのは少し厄介なのと似ている．高校までの数学では，この 2 人を見つけだすまでは次の段階に進まないが，大学の数学は少し横着で 2 人の〈存在〉を〈認識〉できれば次の段階に進んでしまう．実際の計算や手続きから離れて〈存在〉そのものを認識するということこそ，大学以後の数学の最大の特色である．100 次方程式の解は存在するので，100 階線形同次方程式の解は存在するのである．高校の数学では部分分数分解を行うことのできる〈能力〉が試されるが，大学では部分分数分解が可能であるとの〈認識〉が大事である．このことによって線形非同次方程式の解の存在が認識できる．

　第 2 章では連立 1 階定数係数線形微分方程式を扱う．線形代数は連立 1 次方程式と密接な関係があるが，連立線形微分方程式を取り扱うための重要な道具（言葉）でもある．現代の線形代数の抽象的な定式化は 20 世紀になってからの関数解析学の発展が促したものであり，線形微分方程式の理論は抽象的な線形代数に具体的な肉付けを与えるものである．線形代数のちょっと高級な理論である固有値問題と行列の標準化の理論が重要な役割をはたす．ジョルダンの標準形にしても，標準形に変換するのは少し骨が折れるが，ここでも標準形に変換可能であるという認識が大事である．このことを用いて第 3 章のフロケの理論は展開される．

　第 3 章は変数係数の線形微分方程式である．変数係数の微分方程式は特別の場合を除いて解を具体的に書き下すのは難しいが，うまい工夫によって解くことのできる重要な方程式もある．最近は Mathematica や Maple のような数式処理ソフトのよいものが利用できるようになった．これらを用いると具体的な解がすぐ求まってしまうし，解のグラフも簡単に描かせられるので，解の性質も直感的によくわかる．解の求め方を練習

するよりも解の求まる理由や，方程式の意味を考えることがこれからは重要になると思われる．線形代数や微分積分学の知識を用いて解の定性的な性質を理解し，細かい具体的なことは数式処理ソフトを使って求められるようにするというのがこれからの微分方程式の教育かもしれない．この本では無料で使える数式処理システム Maxima を使ってみた．また本書の理解を助けるために，やさしい問題と章末に演習問題を付けておいた．

　第 4 章は非線形方程式である．非線形方程式を具体的に解くことは難しく，多くの場合計算機による近似計算に頼ることになる．そこでこのような計算の基礎になる，解の存在定理と解の一意性定理，解の初期値への依存性と構造安定性を扱う．さらに計算機には難しい，解の長時間にわたる安定性を議論する．第 5 章は線形方程式に対する境界値問題を扱う．付録では変数係数線形方程式の解の存在定理の証明を行う．そのために，関数空間やノルムなど関数解析的な概念を早い段階から導入して，微分方程式を素材とした関数解析入門の性格ももたせた．

　物理学や工学におけるおもしろい応用例を 1, 2, 4 章に付けておいた．ブランコをこげば外から力を加えているわけでもないのに揺れる．逆立ちブランコはうまく振動させると倒れない．結晶中の電子のエネルギーはバンド構造をもつ．このように少し意外性のある例を選んだのは，これらの不思議なことが微分方程式の理論を用いてうまく説明されることを示し，数学に少しでも興味をもってもらえるようにと配慮したためでもあり，また物理学上の問題が数学の理論を創造するための原動力となっていたし，物理学の適切なモデルが難解な数学を理解したり，発展させるために有用なことが多いので，数学と物理学はなるべく関連づけて勉強することが大切だと思ったからでもある．

　　2008 年 12 月

著　　者

目　　次

1

定数係数線形微分方程式

　定数係数の線形同次微分方程式を解くことは代数方程式を解くことに帰着され，指数関数と多項式で微分方程式の解が表される．非同次方程式は演算子法を用いて解くが，伝統的なラプラス変換を用いた演算子法の説明の後，より一般的なミクシンスキーの演算子法を説明する．演算子法に不可欠な部分分数分解定理の証明も与えておいた．定数係数線形方程式は論理が明快で，解くのがやさしくそのうえ応用範囲が広いので重要である．たとえば第3章で扱う変数係数の場合でも，これが区分的に定数係数と思えるときはここでの方法を適用することができる．

1.1　はじめに

　一番簡単な微分方程式は

$$y'(t) = \frac{dy(t)}{dt} = f(t)$$

であろう．この解は直ちに

$$y(t) = \int f(t)\,dt + C$$

と書くことができる．それでは次に a を定数として

$$y'(t) - ay(t) = f(t) \tag{1.1}$$

はどうだろう．

$$(y(t)e^{-at})' = (y'(t) - ay(t))e^{-at}$$

となることに気が付けば

$$(y(t)e^{-at})' = (y'(t) - ay(t))e^{-at} = e^{-at}f(t)$$

となるので

$$y(t)e^{-at} = \int e^{-at}f(t)\,dt + C, \ y(t) = e^{at}\left(\int e^{-at}f(t)\,dt + C\right) \quad (1.2)$$

と解が求まる. さらに a が関数 $a(t)$ の場合も

$$(y(t)e^{-\int a(t)\,dt})' = (y'(t) - a(t)y(t))e^{-\int a(t)\,dt}$$

が成立するので解は

$$y(t) = e^{\int a(t)\,dt}\left(\int e^{-\int a(t)\,dt}f(t)\,dt + C\right)$$

と求まる. このように不定積分を有限回行うことによって解を求める方法を**求積法**という. 次の 2 階方程式

$$y''(t) + a(t)y'(t) + b(t)y(t) = f(t)$$

は応用上も重要な方程式であるが, 残念ながら求積法では解けない. そこで以下の節では求積法で解ける定数係数線形方程式を扱うことにする.

1.2　定数係数線形同次微分方程式

定数係数線形同次微分方程式を解くことは

代数方程式を解くことである.

　実数全体 $\boldsymbol{R}$ で定義された複素数 $\boldsymbol{C}$ に値をとる連続関数の集合を $\mathcal{C}(\boldsymbol{R};\boldsymbol{C})$ で表し, さらに n 回連続微分可能 ($y^{(n)}(t)$ が連続) な関数の集合を $\mathcal{C}^n(\boldsymbol{R};\boldsymbol{C})$ で表す. $\mathcal{C}^n(\boldsymbol{R};\boldsymbol{C})$ の要素 $y(t)$ に $\mathcal{C}^{n-1}(\boldsymbol{R};\boldsymbol{C})$ の要素 $y'(t)$ を対応させる写像を D で表し

$$D : \mathcal{C}^n(\boldsymbol{R};\boldsymbol{C}) \ni y(t) \to Dy(t) = y'(t) \in \mathcal{C}^{n-1}(\boldsymbol{R};\boldsymbol{C})$$

D を微分作用素または微分演算子と呼ぶ. D を 2 回続けて $D^2y = y''$ であり, また一般に $D^ny = y^{(n)}$ である. そこで多項式

$$P(\lambda) = \lambda^n + p_1\lambda^{n-1} + \cdots + p_{n-1}\lambda + p_n$$

の変数 λ に D を代入した $P(D)$ を微分多項式と呼び $\mathcal{C}^n(\boldsymbol{R};\boldsymbol{C})$ の要素 y に $\mathcal{C}^0(\boldsymbol{R};\boldsymbol{C}) = \mathcal{C}(\boldsymbol{R};\boldsymbol{C})$ の要素

$$P(D)y = y^{(n)} + p_1y^{(n-1)} + \cdots + p_{n-1}y' + p_ny$$

を対応させる写像

$$P(D) : \mathcal{C}^n(\boldsymbol{R}; \boldsymbol{C}) \ni y \to P(D)y \in \mathcal{C}(\boldsymbol{R}; \boldsymbol{C})$$

を表す. $P(D)$ を用いると微分方程式

$$y^{(n)} + p_1 y^{(n-1)} + \cdots + p_{n-1} y' + p_n y = 0 \tag{1.3}$$

は

$$P(D)y = 0$$

と書ける. この方程式を解くために少し準備をする. 方程式を解くということ
は, 微分方程式を満たす関数を探し出すことだから, 最初にどのようなところか
ら探すかを決めておいた方が都合がよい. そこで, われわれは集合 $\mathcal{C}^n(\boldsymbol{R}; \boldsymbol{C})$
から探すことにする.

$$P(\lambda) = \lambda^n + p_1 \lambda^{n-1} + \cdots + p_{n-1}\lambda + p_n = 0$$

なる代数方程式を微分方程式 $P(D)y = 0$ の補助方程式あるいは**特性方程式**と
いう. 特性方程式の解は（$p_1, \ldots, p_n$ が実数であっても）実数とは限らないの
で, 複素数値関数の空間 $\mathcal{C}^n(\boldsymbol{R}; \boldsymbol{C})$ を考えるのである.

定理 1.1. (1) $P(D)e^{\lambda t} = P(\lambda)e^{\lambda t}$ (2) $P(D)[e^{\lambda t}f(t)] = e^{\lambda t}P(D + \lambda)f(t)$

証明. (1) は $De^{\lambda t} = \lambda e^{\lambda t}, D^2 e^{\lambda t} = \lambda^2 e^{\lambda t}, \ldots, D^n e^{\lambda t} = \lambda^n e^{\lambda t}$ より明らか.
(2) は以下の計算

$$\begin{aligned}
D[e^{\lambda t}f(t)] &= (De^{\lambda t})f(t) + e^{\lambda t}Df(t) \\
&= \lambda e^{\lambda t}f(t) + e^{\lambda t}Df(t) = e^{\lambda t}(D + \lambda)f(t), \\
D^2[e^{\lambda t}f(t)] &= D[e^{\lambda t}(D + \lambda)f(t)] = e^{\lambda t}(D + \lambda)^2 f(t)
\end{aligned}$$

を次々続けると

$$D^n[e^{\lambda t}f(t)] = e^{\lambda t}(D + \lambda)^n f(t) \quad (n = 1, 2, \ldots)$$

がわかり, 任意の $P(D)$ について (2) が証明できる. □

　ここで関係式

$$\frac{d}{dt}e^{\lambda t} = \lambda e^{\lambda t}$$

を用いたが，λ が複素数のときも成り立つのだろうか．このようなことを考えるときには次のテイラー展開が便利である．

$$e^{\lambda t} = \sum_{n=0}^{\infty} \frac{1}{n!}\lambda^n t^n$$

この両辺を t で微分してみると

$$\frac{d}{dt}e^{\lambda t} = \sum_{n=1}^{\infty} \frac{1}{n!}n\lambda^n t^{n-1} = \lambda \sum_{n=0}^{\infty} \frac{1}{n!}\lambda^n t^n = \lambda e^{\lambda t}$$

となり，λ が複素数であっても何であってもこれらの級数が収束する限り成立する（項別微分の定理）．テイラー展開を用いて，指数法則

$$e^x e^y = e^{x+y}$$

が $x, y \in \boldsymbol{C}$ に対して成り立つことが以下のように確かめられる．

$$e^x e^y = \sum_{m=0}^{\infty} \frac{1}{m!}x^m \sum_{n=0}^{\infty} \frac{1}{n!}y^n$$

の各項は下の表の中にある．

	1	y	$\frac{y^2}{2!}$	$\frac{y^3}{3!}$	$\frac{y^4}{4!}$	$\frac{y^5}{5!}$	$\cdots$
1	1	y	$\frac{y^2}{2!}$	$\frac{y^3}{3!}$	$\frac{y^4}{4!}$	$\frac{y^5}{5!}$	$\cdots$
x	x	xy	$x\frac{y^2}{2!}$	$x\frac{y^3}{3!}$	$x\frac{y^4}{4!}$	$x\frac{y^5}{5!}$	$\cdots$
$\frac{x^2}{2!}$	$\frac{x^2}{2!}$	$\frac{x^2}{2!}y$	$\frac{x^2}{2!}\frac{y^2}{2!}$	$\frac{x^2}{2!}\frac{y^3}{3!}$	$\frac{x^2}{2!}\frac{y^4}{4!}$	$\frac{x^2}{2!}\frac{y^5}{5!}$	$\cdots$
$\frac{x^3}{3!}$	$\frac{x^3}{3!}$	$\frac{x^3}{3!}y$	$\frac{x^3}{3!}\frac{y^2}{2!}$	$\frac{x^3}{3!}\frac{y^3}{3!}$	$\frac{x^3}{3!}\frac{y^4}{4!}$	$\frac{x^3}{3!}\frac{y^5}{5!}$	$\cdots$
$\frac{x^4}{4!}$	$\frac{x^4}{4!}$	$\frac{x^4}{4!}y$	$\frac{x^4}{4!}\frac{y^2}{2!}$	$\frac{x^4}{4!}\frac{y^3}{3!}$	$\frac{x^4}{4!}\frac{y^4}{4!}$	$\frac{x^4}{4!}\frac{y^5}{5!}$	$\cdots$
$\frac{x^5}{5!}$	$\frac{x^5}{5!}$	$\frac{x^5}{5!}y$	$\frac{x^5}{5!}\frac{y^2}{2!}$	$\frac{x^5}{5!}\frac{y^3}{3!}$	$\frac{x^5}{5!}\frac{y^4}{4!}$	$\frac{x^5}{5!}\frac{y^5}{5!}$	$\cdots$
$\vdots$	$\vdots$	$\vdots$	$\vdots$	$\vdots$	$\vdots$	$\vdots$	$\ddots$

この表から 0 次の項は 1, 1 次の項は $x+y$, 2 次の項は $\frac{x^2}{2!} + xy + \frac{y^2}{2!} = \frac{1}{2!}(x+y)^2$, 3 次の項は $\frac{x^3}{3!} + \frac{x^2}{2!}y + x\frac{y^2}{2!} + \frac{y^3}{3!} = \frac{1}{3!}(x+y)^3$ であることがすぐわかり，一般に N 次の項は

$$\sum_{m+n=N} \frac{x^m y^n}{m!n!} = \frac{1}{N!}\sum_{m+n=N} \frac{N!}{m!n!}x^m y^n = \frac{1}{N!}(x+y)^N$$

であることがわかる．これらをすべて加えると

$$\sum_{N=0}^{\infty} \frac{1}{N!}(x+y)^N = e^{x+y}$$

となって指数法則が得られる．そして指数法則より $e^{x+iy} = e^x e^{iy}$ となり

$$\cos x = \sum_{n=0}^{\infty} \frac{1}{(2n)!}(-1)^n x^{2n}, \quad \sin x = \sum_{n=0}^{\infty} \frac{1}{(2n+1)!}(-1)^n x^{2n+1}$$

を用いると

$$e^{iy} = \sum_{n=0}^{\infty} \frac{1}{n!} i^n y^n = \cos y + i \sin y$$

が導かれる．まず解空間

$$\mathcal{L}_{\boldsymbol{C}} = \{y \in \mathcal{C}^n(\boldsymbol{R}; \boldsymbol{C}); D^n y = 0\}$$

を考えよう．

定理 1.2. 微分方程式 $D^n y = 0$ の解は必ず

$$y(t) = c_1 + c_2 t + \cdots + c_n t^{n-1} \tag{1.4}$$

($c_1, \ldots, c_n$ は定数) の形に書ける．$t = s$ に対して $y^{(j)}(s)$ $(j = 0, \ldots, n-1)$ が与えられると c_j の値は決まる．

証明． 帰納法で証明する．$n = 1$ のときは $y = C$ (C は定数) となり $y(s)$ が与えられると定数は $C = y(s)$ と決まる．$n = k+1$ の解 $D^{k+1} y = 0$ に対しては $n = k$ のときの帰納法の仮定から $Dy = C_1 + C_2 t + \cdots + C_k t^{k-1}$ となり，また $y^{(j)}(s)$ $(j = 1, \ldots, k)$ が与えられると定数 C_j $(j = 1, \ldots, k)$ が決まる．これより $y = C + C_1 t + C_1 t^2/2 + \cdots + C_k t^k/k$ となり $y(s)$ が与えられると $C = y(s) - C_1 s - C_1 s^2/2 - \cdots - C_k s^k/k$ と決まる． $\square$

$y^{(j)}(s)$ $(j = 0, \ldots, n-1)$ を与えて微分方程式の解 $y(t)$ を求める問題を**初期値問題**という．定理 1.2 は初期値問題の解の一意的存在を示している．解 (1.4) のように $c_1, \ldots, c_n$ に適当な数を代入する事によって任意の $\mathcal{L}_{\boldsymbol{C}}$ の要素を一意的に表せるパラメータ（任意定数）$c_1, \ldots, c_n$ を含んだ解を**一般解**という．次に解空間

$$\mathcal{L}_{\boldsymbol{C}} = \{y \in \mathcal{C}^n(\boldsymbol{R}; \boldsymbol{C}); (D - \lambda)^n y = 0\}$$

を考えよう.

定理 1.3. 微分方程式 $(D - \lambda)^n y = 0$ の一般解は

$$y(t) = (c_1 + c_2 t + \cdots + c_n t^{n-1}) e^{\lambda t}$$

である.

証明. $P(D) = (D - \lambda)^n$ として定理 1.1 (2) を用いると

$$(D - \lambda)^n y = (D - \lambda)^n [e^{\lambda t} e^{-\lambda t} y] = e^{\lambda t}((D + \lambda) - \lambda)^n [e^{-\lambda t} y] = 0$$

であるから定理 1.2 より $e^{-\lambda t} y(t) = c_1 + c_2 t + \cdots + c_n t^{n-1}$ となり

$$y(t) = (c_1 + c_2 t + \cdots + c_n t^{n-1}) e^{\lambda t}$$

となる. □

例 1.4. $\lambda_1, \ldots, \lambda_n$ がすべて相異なるとき次の n 階方程式

$$(D - \lambda_1) \ldots (D - \lambda_n) y = 0$$

の一般解は

$$y = c_1 e^{\lambda_1 t} + c_2 e^{\lambda_2 t} + \cdots + c_n e^{\lambda_n t}$$

であることが数学的帰納法により示される. $n = 1$ のときは定理 1.3 より正しいことがわかり, $n = k + 1$ の解

$$(D - \lambda_1) \ldots (D - \lambda_k)(D - \lambda_{k+1}) y = 0$$

に対しては $n = k$ のときの帰納法の仮定から

$$(D - \lambda_{k+1}) y = c_1 e^{\lambda_1 t} + c_2 e^{\lambda_2 t} + \cdots + c_k e^{\lambda_k t}$$

となる. 式 (1.1) , (1.2) より

$$y = e^{\lambda_{k+1} t} \int e^{-\lambda_{k+1} t} (c_1 e^{\lambda_1 t} + c_2 e^{\lambda_2 t} + \cdots + c_k e^{\lambda_k t}) \, dt + c_{k+1} e^{\lambda_{k+1} t}$$

$$= \frac{c_1}{\lambda_1 - \lambda_{k+1}} e^{\lambda_1 t} + \cdots + \frac{c_k}{\lambda_k - \lambda_{k+1}} e^{\lambda_k t} + c_{k+1} e^{\lambda_{k+1} t}$$

が得られ, 帰納法は完成する.

定理 1.5. $P(D) = (D - \lambda_1)^{\ell_1} \cdots (D - \lambda_r)^{\ell_r}$ とする.

$$P(D) y = 0$$

の一般解は

$$y(t) = (c_{11} + c_{12}t + \cdots + c_{1\ell_1}t^{\ell_1-1})e^{\lambda_1 t} + \cdots$$
$$+ (c_{r1} + c_{r2}t + \cdots + c_{r\ell_r}t^{\ell_r-1})e^{\lambda_r t} \tag{1.5}$$

である.

問題 1.1. 上の定理を証明せよ.

$$y_1, y_2 \in \mathcal{L}_{\boldsymbol{C}} = \{y \in \mathcal{C}^n(\boldsymbol{R}; \boldsymbol{C}); P(D)y = 0\}$$

とし, $c_1, c_2 \in \boldsymbol{C}$ とすると

$$c_1 y_1 + c_2 y_2 \in \mathcal{L}_{\boldsymbol{C}}$$

となることが

$$P(D)(c_1 y_1 + c_2 y_2) = c_1 P(D)y_1 + c_2 P(D)y_2 = 0$$

よりわかり $\mathcal{L}_{\boldsymbol{C}}$ は複素数 $\boldsymbol{C}$ 上の線形空間であることがわかる. 解空間が線形空間になるような微分方程式を**線形同次微分方程式**という.

注意 1.6. 前定理は n 階方程式 $P(D)y = 0$ の解の作る線形空間 $\mathcal{L}_{\boldsymbol{C}}$ の次元が n であることを示している ($\mathcal{L}_{\boldsymbol{C}}$ の任意の元は n 個の $t^\ell e^{\lambda t}$ の形の元の一意的な 1 次結合で表されているから). しかし線形空間 $\mathcal{C}^n(\boldsymbol{R}; \boldsymbol{C})$ は無限次元空間であることは次のようにしてわかる. $\mathcal{C}^n(\boldsymbol{R}; \boldsymbol{C})$ の m 個の要素 $1, t, \ldots, t^{m-1}$ に対して

$$a_1 + a_2 t + \cdots + a_m t^{m-1} = 0$$

とする. $t = 0$ とすれば $a_1 = 0$ となり, 両辺を t で微分して $t = 0$ とすれば $a_2 = 0$ となる. このように次々に微分して $t = 0$ とすれば $a_1 = a_2 = \cdots = a_m = 0$ となり $\mathcal{C}^n(\boldsymbol{R}; \boldsymbol{C})$ の次元は m 以上であることがわかる. m はいくら大きくてもかまわないので, $\mathcal{C}^n(\boldsymbol{R}; \boldsymbol{C})$ は無限次元空間であることがわかる. $\mathcal{L}_{\boldsymbol{C}}$ や $\mathcal{C}^n(\boldsymbol{R}; \boldsymbol{C})$ のように要素が関数である線形空間を**関数空間**という.

問題 1.2. $D^2(D+2)^2(D^2-2D+2)^2 y = 0$ の一般解を求めよ.

注意 1.7. 数式処理ソフトの Maxima に計算させると以下のようにアッという間に解を書き下す.

```
(%i1) deq1: 'diff(y(t),t,6)+2*'diff(y(t),t,5)+2*'diff(y(t),t,4)+
    2*'diff(y(t),t,3)+2*'diff(y(t),t,2)+2*'diff(y(t),t,1)+y(t);
```

(%o1) $\dfrac{d^6}{dt^6} y\,(t) + 2\left(\dfrac{d^5}{dt^5} y\,(t)\right) + 2\left(\dfrac{d^4}{dt^4} y\,(t)\right) + 2\left(\dfrac{d^3}{dt^3} y\,(t)\right) + 2\left(\dfrac{d^2}{dt^2} y\,(t)\right)$
$+ 2\left(\dfrac{d}{dt} y\,(t)\right) + y\,(t)$

(%i2) `atvalue(y(t),t=0,a[0])$ atvalue('diff(y(t),t,1),t=0,a[1])$`
`atvalue('diff(y(t),t,2),t=0,a[2])$ atvalue('diff(y(t),t,3),`
`t=0,a[3])$ atvalue('diff(y(t),t,4),t=0,a[4])$`
`atvalue('diff(y(t),t,5),t=0,a[5])$`

(%i8) `sol: desolve(deq1,y(t));`

(%o8) $y\,(t) = \mathrm{e}^{\frac{t}{2}}\left(\dfrac{\left(\frac{a_4+3a_3+4a_2+3a_1+a_0}{3} - \frac{a_5+3a_4+4a_3+3a_2+a_1}{6}\right)\sin\left(\frac{\sqrt{3}t}{2}\right)}{\sqrt{3}}\right.$

$\left. - \dfrac{(a_5+3a_4+4a_3+3a_2+a_1)\cos\left(\frac{\sqrt{3}t}{2}\right)}{6}\right)$

$+ \mathrm{e}^{-\frac{t}{2}}\left(\dfrac{\left(\frac{a_5+a_4+a_2+a_1}{2}+a_4+a_3+a_1+a_0\right)\sin\left(\frac{\sqrt{3}t}{2}\right)}{\sqrt{3}} - \dfrac{(a_5+a_4+a_2+a_1)\cos\left(\frac{\sqrt{3}t}{2}\right)}{2}\right)$

$+ \dfrac{a_5 t e^{-t}}{3} + \dfrac{a_4 t e^{-t}}{3} + \dfrac{a_3 t e^{-t}}{3} + \dfrac{a_2 t e^{-t}}{3} + \dfrac{a_1 t e^{-t}}{3} + \dfrac{a_0 t e^{-t}}{3}$

$+ \dfrac{(2a_5+3a_4+2a_3+3a_2+2a_1+3a_0)\mathrm{e}^{-t}}{3}$

(%i1) `deq2: 'diff(y(t),t,6)+2*'diff(y(t),t,5)+2*'diff(y(t),t,4)+`
`2*'diff(y(t),t,3)+2*'diff(y(t),t,2)+2*'diff(y(t),t,1)+2*y(t);`

(%o1) $\dfrac{d^6}{dt^6} y\,(t) + 2\left(\dfrac{d^5}{dt^5} y\,(t)\right) + 2\left(\dfrac{d^4}{dt^4} y\,(t)\right) + 2\left(\dfrac{d^3}{dt^3} y\,(t)\right) + 2\left(\dfrac{d^2}{dt^2} y\,(t)\right)$
$+ 2\left(\dfrac{d}{dt} y\,(t)\right) + 2y\,(t)$

(%i2) `atvalue(y(t),t=0,a[0])$ atvalue('diff(y(t),t,1),t=0,a[1])$`
`atvalue('diff(y(t),t,2),t=0,a[2])$ atvalue('diff(y(t),t,3),`
`t=0,a[3])$ atvalue('diff(y(t),t,4),t=0,a[4])$`
`atvalue('diff(y(t),t,5),t=0,a[5])$ sol2:desolve(deq2,y(t))$`

(%i9) `subst(s,lvar,sol2);`

(%o9) $y\,(t) = \mathrm{ilt}\left(\dfrac{a_0 s^5 + (a_1+2a_0)s^4 + (a_2+2a_1+2a_0)s^3 + (a_3+2a_2+2a_1+2a_0)s^2}{s^6+2s^5+2s^4+2s^3+2s^2+2s+2}\right.$

$\left. + \dfrac{(a_4+2a_3+2a_2+2a_1+2a_0)s + a_5+2a_4+2a_3+2a_2+2a_1+2a_0}{s^6+2s^5+2s^4+2s^3+2s^2+2s+2}, s, t\right)$

Maxima は次節で扱うラプラス変換を用いて方程式を解いているらしい．方程式 deq2 については Maxima といえども逆ラプラス変換ができなくてお手上げである．

最後に簡単だが有用な定数係数 2 階線形同次方程式

$$y'' + ay' + by = 0 \tag{1.6}$$

について考える．特性方程式

$$\lambda^2 + a\lambda + b = 0 \tag{1.7}$$

の相異なる解 λ_1, λ_2 に対しては

$$y = c_1 e^{\lambda_1 t} + c_2 e^{\lambda_2 t}$$

が一般解である. $a, b \in \boldsymbol{R}$ であるときには, もし複素数 $\lambda = \alpha + i\beta$ $(\alpha, \beta \in \boldsymbol{R}, \beta \neq 0)$ が特性方程式の解ならば, その複素共役 $\bar{\lambda} = \alpha - i\beta$ も解だから, 一般解は

$$y = c_1 e^{\lambda t} + c_2 e^{\bar{\lambda} t} = c_1 e^{\alpha t}(\cos\beta t + i\sin\beta t) + c_2 e^{\alpha t}(\cos\beta t - i\sin\beta t)$$

$$= (c_1 + c_2)e^{\alpha t}\cos\beta t + i(c_1 - c_2)e^{\alpha t}\sin\beta t$$

となるので, 一般解は

$$y = c_1 e^{\alpha t}\cos\beta t + c_2 e^{\alpha t}\sin\beta t$$

と書いてよい. ところで, $e^{\alpha t}\cos\beta t$ も $e^{\alpha t}\sin\beta t$ も実数値関数だから a, b が実数のときは解空間として実数値関数からなる解の全体を考えるのが自然である. これを $\mathcal{L}_{\boldsymbol{R}}$ で表すと $\mathcal{L}_{\boldsymbol{R}}$ は実 2 次元空間となる事がわかる.

応用上重要な a, b が実数の場合をまとめると, 以下のようになる.

微分方程式 (1.6) の一般解はその特性方程式 (1.7) の解が

(i) 2 実数解 λ_1, λ_2 の場合 $y = c_1 e^{\lambda_1 t} + c_2 e^{\lambda_2 t}$,

(ii) 重解 λ の場合 $y = c_1 e^{\lambda t} + c_2 t e^{\lambda t}$,

(iii) 虚数解 $\lambda = \alpha \pm i\beta$ の場合 $y = c_1 e^{\alpha t}\cos\beta t + c_2 e^{\alpha t}\sin\beta t$.

問題 1.3. 次の方程式の一般解を求めよ.

(i) $y'' + 4y' + 3y = 0$,   (ii) $y'' - 4y' + 4y = 0$,   (iii) $y'' + y = 0$

1.3 ラプラス変換

ラプラス変換を行うと, 微分操作は掛け算操作になる.

微分操作を記号的代数的に扱って微分方程式を解く方法を**演算子法**という. ここでは, 演算子法にラプラス変換を使う方法を大まかに解説し線形非同次方程式を解く.

複素数 $\boldsymbol{C}$ に値をとる $0 \leq t < \infty$ で定義された連続関数の全体を $\mathcal{C}([0, \infty); \boldsymbol{C})$

で表す．$f(t) \in \mathcal{C}([0,\infty); \boldsymbol{C})$ と $s \in \boldsymbol{C}$ に対して無限積分

$$F(s) = \int_0^\infty e^{-st} f(t)\, dt = \lim_{T \to \infty} \int_0^T e^{-st} f(t)\, dt \qquad (1.8)$$

を考える．しかしこの積分はどんな $f(t) \in \mathcal{C}([0,\infty); \boldsymbol{C})$ に対しても存在するとは限らない．たとえば $f(t) = e^{t^2}$ に対してはどんな $s \in \boldsymbol{C}$ に対しても積分は発散してしまって意味をもたない．そこでここではこの積分が存在するような関数 $f(t)$ だけを取り扱うことにする．$f(t)$ に対して (1.8) の $F(s)$ を対応させる対応 L を**ラプラス (Laplace) 変換**といい，$F(s) = L\{f(t)\}$ を $f(t)$ のラプラス変換という．

例 1.8. (1) $L\{e^{\alpha t}\} = \dfrac{1}{s - \alpha}$ $(\mathrm{Re}\, s > \mathrm{Re}\, \alpha)$, (2) $L\{t^n\} = \dfrac{n!}{s^{n+1}}$ $(\mathrm{Re}\, s > 0)$ である．

(1) は $\mathrm{Re}\, s > \mathrm{Re}\, \alpha$ のとき次式よりわかる．

$$\int_0^\infty e^{-st} e^{\alpha t}\, dt = \int_0^\infty e^{-(s-\alpha)t}\, dt = \left[-\frac{e^{-(s-\alpha)t}}{s - \alpha} \right]_0^\infty = \frac{1}{s - \alpha}.$$

(2) は n に関する帰納法で示す．$n = 0$ のときは (1) で $\alpha = 0$ とおいたものと同じであるから $\mathrm{Re}\, s > 0$ のとき $1/s$ となる．$n = k - 1$ のとき (2) が成り立つとして

$$L\{t^k\} = \int_0^\infty e^{-st} t^k\, dt = \left[-\frac{e^{-st}}{s} t^k \right]_0^\infty + \frac{1}{s} \int_0^\infty e^{-st} k t^{k-1}\, dt$$

$$= k \frac{1}{s} L\{t^{k-1}\} = k \frac{1}{s} \frac{(k-1)!}{s^k} = \frac{k!}{s^{k+1}}$$

となる．

定理 1.9. $F(s) = L\{f(t)\}$ のとき

$$L\{e^{\alpha t} f(t)\} = F(s - \alpha), \ \ L\{t^n f(t)\} = (-1)^n \frac{d^n F(s)}{ds^n}$$

証明. 第1式は

$$L\{e^{\alpha t} f(t)\} = \int_0^\infty e^{-st} e^{\alpha t} f(t)\, dt = \int_0^\infty e^{-(s-\alpha)t} f(t)\, dt = F(s - \alpha)$$

第2式は

$$(-1)^n \frac{d^n F(s)}{ds^n} = \int_0^\infty (-1)^n \frac{\partial^n}{\partial s^n} [e^{-st} f(t)]\, dt$$

$$= \int_0^\infty e^{-st} t^n f(t)\, dt = L\{t^n f(t)\}$$

と証明される. □

この定理と例 1.8 を用いると次の式が得られる.

$$L\{e^{\alpha t} t^n\} = \frac{n!}{(s-\alpha)^{n+1}} \tag{1.9}$$

定理 1.10. $F(s) = L\{f(t)\}$ とするとき次の公式が成り立つ.

$$L\{f^{(n)}(t)\} = s^n F(s) - s^{n-1} f(0) - s^{n-2} f'(0) - \ldots - f^{(n-1)}(0)$$

ただし

$$\lim_{t\to\infty} e^{-st} f(t) = \lim_{t\to\infty} e^{-st} f'(t) = \ldots = \lim_{t\to\infty} e^{-st} f^{(n-1)}(t) = 0$$

を仮定する.

証明. 帰納法で証明する. $n=1$ のときの式は $e^{-st} f(t) \to 0$ $(t \to \infty)$ を仮定すれば

$$L\{f'(t)\} = \int_0^\infty e^{-st} f'(t)\, dt = \left[e^{-st} f(t)\right]_0^\infty + s \int_0^\infty e^{-st} f(t)\, dt$$

$$= \lim_{t\to\infty} e^{-st} f(t) - f(0) + s L\{f(t)\} = s F(s) - f(0)$$

と証明される. 次に $n=k$ のときの式を仮定すれば

$$L\{f^{(k+1)}(t)\} = L\{f^{(k)'}(t)\} = s L\{f^{(k)}(t)\} - f^{(k)}(0)$$

$$= s(s^k F(s) - s^{k-1} f(0) - s^{k-2} f'(0) - \ldots - f^{(k-1)}(0)) - f^{(k)}(0)$$

$$= s^{k+1} F(s) - s^k f(0) - s^{k-1} f'(0) - \ldots - s f^{(k-1)}(0) - f^{(k)}(0)$$

となって証明される. □

定義 1.11. $a(t), b(t) \in \mathcal{C}([0,\infty); \boldsymbol{C})$ に対して, $a * b(t) \in \mathcal{C}([0,\infty); \boldsymbol{C})$ を

$$a * b(t) = \int_0^t a(t-\tau) b(\tau)\, d\tau$$

で定義して関数 a と b の**合成積**と呼ぶ.

問題 1.4. $a(t), b(t) \in \mathcal{C}([0,\infty); \boldsymbol{C})$ のとき $a * b \in \mathcal{C}([0,\infty); \boldsymbol{C})$ となることを示せ.

合成積とラプラス変換との関係は次の定理で与えられる.

定理 1.12. $$L\{f * g(t)\} = L\{f(t)\}L\{g(t)\}$$

証明. $T = \{(t, \tau); 0 \le t < \infty, 0 \le \tau \le t\}$ とすれば

$$L\{f * g(t)\} = \int_0^\infty e^{-st} f * g(t)\, dt = \int_0^\infty e^{-st}\left(\int_0^t f(t-\tau)g(\tau)\, d\tau\right) dt$$

$$= \iint_T e^{-st} f(t-\tau)g(\tau)\, dt\, d\tau = \int_0^\infty \left(\int_\tau^\infty e^{-st} f(t-\tau)\, dt\right) g(\tau)\, d\tau$$

$$= \int_0^\infty \left(\int_0^\infty e^{-s(\tau+\sigma)} f(\sigma)\, d\sigma\right) g(\tau)\, d\tau \quad (t-\tau = \sigma \text{ とおいた})$$

$$= \left(\int_0^\infty e^{-s\sigma} f(\sigma)\, d\sigma\right)\left(\int_0^\infty e^{-s\tau} g(\tau)\, d\tau\right) = L\{f(t)\}L\{g(t)\}. \qquad \square$$

これらの定理を用いると，微分方程式を解くことができる．たとえば

$$y'' + \omega^2 y = f, \ y(0) = \gamma_0, y'(0) = \gamma_1$$

は $Y(s) = L\{y(t)\}$, $F(s) = L\{f(t)\}$ として上の式の両辺をラプラス変換すれば

$$s^2 Y(s) - s\gamma_0 - \gamma_1 + \omega^2 Y(s) = F(s)$$

より

$$Y(s) = \gamma_0 \frac{s}{s^2 + \omega^2} + \gamma_1 \frac{1}{s^2 + \omega^2} + \frac{F(s)}{s^2 + \omega^2} \tag{1.10}$$

となり，$L\{y(t)\} = Y(s)$ となる $y(t)$ を見つければよい．例 1.8 より

$$L\{\cos \omega t\} = \frac{1}{2}L\{e^{i\omega t} + e^{-i\omega t}\} = \frac{1}{2}\left(\frac{1}{s - i\omega} + \frac{1}{s + i\omega}\right) = \frac{s}{s^2 + \omega^2}$$

$$L\{\sin \omega t\} = \frac{1}{2i}L\{e^{i\omega t} - e^{-i\omega t}\} = \frac{1}{2i}\left(\frac{1}{s - i\omega} - \frac{1}{s + i\omega}\right) = \frac{\omega}{s^2 + \omega^2}$$

がわかるので

$$y(t) = \gamma_0 \cos \omega t + \frac{\gamma_1}{\omega} \sin \omega t + \frac{1}{\omega} \int_0^t \sin \omega(t-\tau) f(\tau)\, d\tau$$

とすれば

$$L\{y'' + \omega^2 y - f\} = 0$$

となり，これから $y'' + \omega^2 y - f = 0$ となるのであるが，この最後のステップの証明が少し難しい．つまり $f \in \mathcal{C}([0, \infty); \boldsymbol{C})$ に対して $L\{f(t)\} = 0$ ならば $f = 0$ であることを証明するのにフーリエ積分に関する知識が必要になるのである．$Y(s)$ に $y(t)$ を対応させる対応 L^{-1} を**逆ラプラス変換**という．このよ

うにラプラス変換を用いて微分方程式を解くことができるが，基礎付けにフーリエ積分の理論が必要になるのと，積分 (1.8) が収束するような関数にしか適用できないという制約がある．次節以降でこのような制約もなく，基礎付けも簡単なミクシンスキー (**Mikusinski**) の**演算子法**を解説する．

1.4　ミクシンスキーの演算子

演算子とは合成積方程式の解である．

ここではミクシンスキーによって導入された演算子の説明をする．

合成積には次のような都合のよい性質がある．

定理 1.13. $\qquad a * b = b * a,\ a * (b * c) = (a * b) * c$

証明. $t - \tau = \sigma$ とおいて

$$a * b(t) = \int_0^t a(t - \tau)b(\tau)\,d\tau = \int_0^t b(\tau)a(t - \tau)\,d\tau$$

$$= -\int_t^0 b(t - \sigma)a(\sigma)\,d\sigma = \int_0^t b(t - \sigma)a(\sigma)\,d\sigma = b * a(t).$$

$$a * b(t) = \int_0^t a(t - \omega)b(\omega)\,d\omega,\ b * c(t) = \int_0^t b(t - \sigma)c(\sigma)\,d\sigma$$

に注意して $T = \{(\tau, \sigma) \in \boldsymbol{R}^2; 0 \leq \sigma \leq \tau \leq t\}$ とすれば

$$a * (b * c)(t) = \int_0^t a(t - \tau)b * c(\tau)\,d\tau$$

$$= \int_0^t a(t - \tau)\left[\int_0^\tau b(\tau - \sigma)c(\sigma)\,d\sigma\right]d\tau$$

$$= \iint_T a(t - \tau)b(\tau - \sigma)c(\sigma)\,d\sigma\,d\tau$$

$$= \int_0^t \left[\int_\sigma^t a(t - \tau)b(\tau - \sigma)\,d\tau\right]c(\sigma)\,d\sigma \quad (\tau - \sigma = \omega\ \text{とおく})$$

$$= \int_0^t \left[\int_0^{t-\sigma} a(t - \sigma - \omega)b(\omega)\,d\omega\right]c(\sigma)\,d\sigma$$

$$= \int_0^t a * b(t - \sigma)c(\sigma)\,d\sigma = (a * b) * c(t). \qquad \square$$

問題 1.5. $a * (b + c)(t) = a * b(t) + a * c(t)$ を示せ.

$\mathcal{C}([0,\infty);\boldsymbol{C})$ の要素 a,b に対して和 $a+b$ と可換な（合成）積 $a*b=b*a$ が定義できて分配の法則 $a*(b+c)=a*b+a*c$ が成り立つ．これからは積として主に合成積を考えるので $a*b$ と書く代わりに ab または $a\cdot b$ と書くことにする．それから，$a(t)$ という表記には関数を表す場合とその関数が t でとる値を示す場合がある．普通はこのような2つの概念に対して別々の記号を導入する必要はなかったけれど，演算子法においてはこれらを区別することが必要である．そこで，関数とことわらないで $a(t)$ という記号を書いたときはその関数の t における値を示すことし，関数そのものを示すときには $\{a(t)\}$ と表すことにする．

例 1.14. $\{1\}\cdot\{a(t)\} = \left\{\displaystyle\int_0^t a(\tau)\,d\tau\right\}$

$\{1\}$ を関数 $\{a(t)\}$ に掛ける（合成積を作る）ということは関数 $a(t)$ の不定積分を作ることである．そこで $h=\{1\}$ と書いて h を**積分演算子**と呼ぶ．

問題 1.6. $h^k=\{t^{k-1}/(k-1)!\}$ を示せ．

さて次に方程式

$$hx=b \tag{1.11}$$

を考えよう．$b=\{\sin t\}$ とすれば $x=\{\cos t\}$ が解となる．これを

$$x = \{\cos t\} = \frac{\{\sin t\}}{\{1\}} = \frac{b}{h}$$

と書くのは自然であろう．

ある $b\in\mathcal{C}([0,\infty);\boldsymbol{C})$ に対しては方程式 $hx=b$ を満たす $x\in\mathcal{C}([0,\infty);\boldsymbol{C})$ が存在しないこともありうる．たとえば $b=h=\{1\}$ とすると，これはどんな $x\in\mathcal{C}([0,\infty);\boldsymbol{C})$ に対しても成り立たない．実際この方程式は

$$\int_0^t x(\tau)\,d\tau = 1$$

となり，$t=0$ のときには左辺は 0 になるからである．簡単な (1.11) のような方程式が解けないというような現象には，われわれは小学生の頃にすでに出会っている．

$$3x=2$$

という方程式は自然数の解 x をもたない．そこでわれわれは新しい数（分数）2/3 を作りだしたのであった．同様に合成積方程式 (1.11) の不可解性は新し

い数学的概念である演算子の概念に導くのである. h/h は 1 つの(連続関数でない)演算子である.

定義 1.15. $H = \{k \in \mathcal{C}([0,\infty); \boldsymbol{C}); k \neq 0\}$ とおいて

$$\mathcal{C}^{-\infty}([0,\infty); \boldsymbol{C}) = \left\{ \frac{a}{k}; k \in H, a \in \mathcal{C}([0,\infty); \boldsymbol{C}) \right\}$$

とする. $\mathcal{C}^{-\infty}([0,\infty); \boldsymbol{C})$ の要素をミクシンスキーの**演算子**と呼ぶ.

普通の分数においても $2/3 = 4/6$ のようにいろいろに表現できる. 演算子においても同様である.

自然数 n が $\dfrac{kn}{k}$ $(k \neq 0)$ の形の分数と同一視されるのと同じように,連続関数 $a \in \mathcal{C}([0,\infty); \boldsymbol{C})$ を演算子 $\dfrac{ka}{k} \in \mathcal{C}^{-\infty}([0,\infty); \boldsymbol{C})$ $(k \in H)$ と同一視することにして,$\mathcal{C}([0,\infty); \boldsymbol{C}) \subset \mathcal{C}^{-\infty}([0,\infty); \boldsymbol{C})$ と考える.

1.5 微分演算子と定数倍演算子

定数倍演算子と定数関数とは違う.

$\alpha \in \boldsymbol{C}$ と $a = \{a(t)\} \in \mathcal{C}([0,\infty); \boldsymbol{C})$ に対して

$$x\{a(t)\} = \{\alpha a(t)\}$$

となる $x \in \mathcal{C}^{-\infty}([0,\infty); \boldsymbol{C})$ は

$$x = \frac{\{\alpha\}}{h} = \frac{\{\alpha\}}{\{1\}}$$

である. 実際

$$\frac{\{\alpha\}}{h}\{a(t)\} = \frac{\{\alpha\}\{a(t)\}}{h} = \frac{\left\{ \int_0^t \alpha a(\tau)\, d\tau \right\}}{h} = \frac{h\{\alpha a(t)\}}{h} = \{\alpha a(t)\}.$$

$\alpha \in \boldsymbol{C}$ と定数倍演算子 $\{\alpha\}/h$ を同一視して $\{\alpha\}/h = \alpha$ と書く.

注意 1.16. $\alpha \in \boldsymbol{C}$ と定数関数 $\{\alpha\}$ は別物だと思い,同一視しない. $h\alpha = \{\alpha\}$ である.

$\varepsilon > 0$ に対して関数 $\delta_\varepsilon(t)$ を次のように定義する.

$$\delta_\varepsilon(t) = \begin{cases} 0, & t < 0 \quad \text{のとき,} \\ 1/\varepsilon, & 0 \leq t < \varepsilon \quad \text{のとき,} \\ 0, & \varepsilon \leq t \quad \text{のとき.} \end{cases} \tag{1.12}$$

このとき $a \in \mathcal{C}([0, \infty); \boldsymbol{C})$ に対して

$$\delta_\varepsilon \cdot a = \int_0^t \delta_\varepsilon(t - \tau) a(\tau) \, d\tau = \frac{1}{\varepsilon} \int_{t-\varepsilon}^t a(\tau) \, d\tau$$

であり, $\varepsilon \to 0$ とすると $\delta_\varepsilon \cdot a \to \{a(t)\} = a = 1 \cdot a$ となる. $\varepsilon \to 0$ となるときの $\delta_\varepsilon(t)$ の極限は

$$\delta(t) = \begin{cases} 0, & t \neq 0 \quad \text{のとき,} \\ \infty, & t = 0 \quad \text{のとき,} \end{cases}$$

と考えられ, ディラック (Dirac) の**デルタ関数**と呼ばれているものだが, これはもはや関数ではなく演算子 1 と考えなければならない. これは

$$\left\{ \int_0^t \delta(t - \tau) a(\tau) \, d\tau \right\} = \delta * a = 1 \cdot a = \{a(t)\}$$

なる性質をもち, 物理的には $t = 0$ に集中した衝撃で全衝撃が $\displaystyle\int_{-\infty}^\infty \delta(t) \, dt = 1$ となるものを表している.

$f \in C([0, \infty); \boldsymbol{C})$ を $t < 0$ のときには $f(t) = 0$ とおいて全空間 $\boldsymbol{R}$ に拡張しておくと都合のよいことがある. 関数 $h = \{1\}$ に対しては**ヘビサイド (Heaviside) 関数**と呼ばれる

$$H(t) = \begin{cases} 0, & t < 0 \quad \text{のとき,} \\ 1, & 0 \leq t \quad \text{のとき,} \end{cases} \tag{1.13}$$

なる関数を考えるのである. このとき

$$\frac{H(t) - H(t - \varepsilon)}{\varepsilon} = \delta_\varepsilon(t) \to \delta(t) \ (\varepsilon \to 0)$$

より

$$\frac{d}{dt} H(t) = \delta(t) \tag{1.14}$$

と考えられる.

　演算子法においては積分演算子 h の逆が基本的な役割を演じる.

定理 1.17.
$$s = \frac{1}{h}, \quad \left(1 = \frac{\{1\}}{h} = \frac{h}{h}\right)$$

とおく. $a = \{a(t)\} \in \mathcal{C}([0, \infty); \boldsymbol{C})$ が導関数 $a' = \{a'(t)\} \in \mathcal{C}([0, \infty); \boldsymbol{C})$ をもてば

$$sa = a' + a(0) \tag{1.15}$$

が成立する. ここで $a(0)$ は関数 $a(t)$ の $t = 0$ における値で定数倍演算子 $\{a(0)\}/h$ と同一視されたものである.

証明.
$$\{a(t)\} = \left\{\int_0^t a'(\tau)\,d\tau\right\} + \{a(0)\} = h\{a'(t)\} + h \cdot a(0)$$

より, 両辺に s を掛けて求める式が得られる. □

　この定理より s は微分に対応していることがわかり, 式 $sh = (1/h)h = 1$ は式 (1.14) を表していると考えられるので s は**微分演算子**と呼ばれる. $a'' = \{a''(t)\} \in \mathcal{C}([0, \infty); \boldsymbol{C})$ が存在するならば (1.15) の両辺に s を掛けて

$$s^2 a = s(a' + a(0)) = sa' + s \cdot a(0) = a'' + a'(0) + s \cdot a(0).$$

これを続けると $a(t)$ が n 回連続微分可能であれば

$$s^n a = a^{(n)} + a^{(n-1)}(0) + sa^{(n-2)}(0) + \ldots + s^{n-1}a(0)$$

が得られる. 微分方程式の解法に応用するには, 定理 1.10 に似た次の形に書くのが便利である.

$$a^{(n)} = s^n a - s^{n-1}a(0) - \ldots - sa^{(n-2)}(0) - a^{(n-1)}(0). \tag{1.16}$$

例 1.18. $1 + s + s^2 + \ldots + s^{n-1} = (s^n - 1)\{e^t\}$ である. 実際, $s\{e^t\} = \{e^t\} + 1$ より $(s - 1)\{e^t\} = 1$ であるので $s^n - 1 = (1 + s + s^2 + \ldots + s^{n-1})(s - 1)$ より従う.

1.6　部分分数分解とその応用

　これからよく用いる部分分数分解に関する定理をここで証明しておこう.

定理 1.19. $P(z)$ を n 次の多項式, $Q(z)$ を $m(< n)$ 次の多項式とする.

$$P(z) = (z - \lambda_1)^{\ell_1}(z - \lambda_2)^{\ell_2} \ldots (z - \lambda_r)^{\ell_r}$$

と因数分解されたとすれば，次の等式が成り立つ.

$$\frac{Q(z)}{P(z)} = \sum_{i=1}^{r} \sum_{j=1}^{\ell_i} \frac{c_{ij}}{(z-\lambda_i)^j} \quad (\lambda_i \in \boldsymbol{C}) \tag{1.17}$$

右辺を左辺の**部分分数分解**という.

証明.
$$R(z) = (z-\lambda_2)^{\ell_2} \dots (z-\lambda_r)^{\ell_r}$$

とおけば $R(z)$ は $n-\ell_1$ 次の多項式であって，$R(\lambda_1) \neq 0$ である.

$$c_{1\ell_1} = \frac{Q(\lambda_1)}{R(\lambda_1)}$$

とおいて

$$\frac{Q(z)}{P(z)} = \frac{Q(z)}{(z-\lambda_1)^{\ell_1}R(z)} = \frac{c_{1\ell_1}}{(z-\lambda_1)^{\ell_1}} + \frac{Q(z)-c_{1\ell_1}R(z)}{(z-\lambda_1)^{\ell_1}R(z)}$$

と書く．$Q(\lambda_1) - c_{1\ell_1}R(\lambda_1) = 0$ だから

$$Q(z) - c_{1\ell_1}R(z) = (z-\lambda_1)R_1(z)$$

と因数分解され，

$$\frac{Q(z)-c_{1\ell_1}R(z)}{(z-\lambda_1)^{\ell_1}R(z)} = \frac{(z-\lambda_1)R_1(z)}{(z-\lambda_1)^{\ell_1}R(z)} = \frac{R_1(z)}{(z-\lambda_1)^{\ell_1-1}R(z)}$$

となる．$R_1(z)$ の次数は $(z-\lambda_1)^{\ell_1-1}R(z)$ の次数よりも小さいから同じ議論を繰り返して

$$\frac{R_1(z)}{(z-\lambda_1)^{\ell_1-1}R(z)} = \frac{c_{1\ell_1-1}}{(z-\lambda_1)^{\ell_1-1}} + \frac{R_2(z)}{(z-\lambda_1)^{\ell_1-2}R(z)}$$

これを続けて (1.17) が得られる.　　　　　　　　　　　　　　　□

定理 1.20. 式 (1.17) の c_{ij} は $Q(z)/P(z)$ により以下のように一意的に決まる.

$$c_{i\ell_i-j} = \lim_{z \to \lambda_i} \left[\frac{1}{j!} \frac{d^j}{dz^j} \left((z-\lambda_i)^{\ell_i} \frac{Q(z)}{P(z)} \right) \right] \tag{1.18}$$

証明.
$$\frac{d^j}{dz^j} \left((z-\lambda_i)^{\ell_i} \frac{1}{(z-\lambda_i)^{\ell_i-j}} \right) = \frac{d^j}{dz^j} (z-\lambda_i)^j = j! \, .$$

また $k < j$ のときは

$$\frac{d^j}{dz^j} \left((z-\lambda_i)^{\ell_i} \frac{1}{(z-\lambda_i)^{\ell_i-k}} \right) = \frac{d^j}{dz^j} (z-\lambda_i)^k = 0$$

となり, $j < k$ のときは

$$\frac{d^j}{dz^j}\left((z-\lambda_i)^{\ell_i}\frac{1}{(z-\lambda_i)^{\ell_i-k}}\right) = \frac{d^j}{dz^j}(z-\lambda_i)^k = \frac{k!}{(k-j)!}(z-\lambda_i)^{k-j}$$

となるので $z \to \lambda_i$ のとき 0 に収束する. $\lambda_i \neq \lambda_s$ のときはライプニッツの公式により

$$\lim_{z\to\lambda_i}\frac{d^j}{dz^j}\left((z-\lambda_i)^{\ell_i}\frac{1}{(z-\lambda_s)^k}\right)$$

$$= \lim_{z\to\lambda_i}\sum_{r=0}^{j}\binom{j}{r}\frac{d^r}{dz^r}(z-\lambda_i)^{\ell_i}\frac{d^{j-r}}{dz^{j-r}}\frac{1}{(z-\lambda_s)^k} = 0$$

となる. ここで $r < \ell_i$ のとき $\lim_{z\to\lambda_i}\frac{d^r}{dz^r}(z-\lambda_i)^{\ell_i} = 0$ となることを用いた. これらより (1.18) が得られる. $\qquad\square$

例 1.21. $P(z)$ を多項式とし $P(\lambda) \neq 0$ とする.

$$P(z) = (z-\lambda_1)^{\ell_1}(z-\lambda_2)^{\ell_2}\ldots(z-\lambda_r)^{\ell_r}$$

とすれば

$$\frac{1}{P(z)(z-\lambda)} = \sum_{i=1}^{r}\sum_{j=1}^{\ell_i}\frac{c_{ij}}{(z-\lambda_i)^j} + \frac{C}{z-\lambda}$$

と部分分数分解される. このとき

$$C = \lim_{z\to\lambda}(z-\lambda)\frac{1}{P(z)(z-\lambda)} = \frac{1}{P(\lambda)}$$

である.

1.7 定数係数 2 階線形非同次方程式

非同次方程式の解は微分演算子と部分分数分解を用いて求める.

$f \in \mathcal{C}([0,\infty);\boldsymbol{C})$ とし, a,b を定数とする微分方程式

$$y'' + ay' + by = f$$

を初期条件 $y(0) = \gamma_0$, $y'(0) = \gamma_1$ のもとで解くことを考える. (1.16) を用いると初期値問題は

$$s^2 y - s\gamma_0 - \gamma_1 + asy - a\gamma_0 + by = f$$

つまり

$$(s^2 + as + b)y = s\gamma_0 + \gamma_1 + a\gamma_0 + f$$

と書けるから直ちに

$$y = \frac{s\gamma_0 + \gamma_1 + a\gamma_0 + f}{s^2 + as + b}$$

を得る. $y \in \mathcal{C}^{-\infty}([0,\infty);\boldsymbol{C})$ であることは y の分母分子に h^2 を掛ければ

$$\frac{s\gamma_0 + \gamma_1 + a\gamma_0 + f}{s^2 + as + b} = \frac{h\gamma_0 + h^2\gamma_1 + ah^2\gamma_0 + h^2 f}{1 + ah + bh^2} \tag{1.19}$$

となることよりわかる.

注意 1.22. 演算子法の理論においては $a, b \in \mathcal{C}([0,\infty);\boldsymbol{C})$ が $a \neq 0$ かつ $b \neq 0$ を満たせば $a \cdot b \neq 0$ であるという **ティッチマーシュ (Tichmarsh) の定理**が基礎にある. それは $(c/a)\cdot(d/b) = (c \cdot d)/(a \cdot b)$ なる計算において $a \cdot b \neq 0$ でなければならないからである. しかしこの定理の証明は難しい. だが実際に分母となるのは (1.19) のように h の多項式なので, 次の定理が成り立てば十分である.

定理 1.23. P を h の多項式全体の集合とし, $p \in P$, $a \in \mathcal{C}([0,\infty);\boldsymbol{C})$ とする. このとき

$$p \cdot a = \{0\}$$

ならば $p = \{0\}$ または $a = \{0\}$ である.

問題 1.7. 上のことを示せ.

式 (1.9) と同じような形の次の関係式が有用である.

定理 1.24.

$$\frac{1}{(s-\alpha)^n} = \left\{ \frac{t^{n-1}}{(n-1)!} e^{\alpha t} \right\}, \quad (n = 1, 2, \ldots) \tag{1.20}$$

証明. (1.15) から

$$s\{e^{\alpha t}\} = \alpha\{e^{\alpha t}\} + 1$$

となり, これから直ちに $n = 1$ の場合の

$$\{e^{\alpha t}\} = \frac{1}{s - \alpha}$$

が従う. 合成積の定義から $n = 2$ のときは

$$\frac{1}{(s-\alpha)^2} = \{e^{\alpha t}\}^2 = \left\{ \int_0^t e^{\alpha(t-\tau)} e^{\alpha\tau}\, d\tau \right\} = \left\{ e^{\alpha t} \int_0^t d\tau \right\} = \left\{ \frac{t}{1!} e^{\alpha t} \right\}$$

であり, $n = 3$ のときは

$$\frac{1}{(s-\alpha)^3} = \{e^{\alpha t}\}\left\{\frac{t}{1!}e^{\alpha t}\right\} = \left\{\int_0^t e^{\alpha(t-\tau)}\frac{\tau}{1!}e^{\alpha\tau}\,d\tau\right\}$$

$$= \left\{e^{\alpha t}\int_0^t \frac{\tau}{1!}\,d\tau\right\} = \left\{\frac{t^2}{2!}e^{\alpha t}\right\}$$

となる. これを続けて求める式が得られる. □

問題 1.8. 次の公式を証明せよ.

$$\frac{s-\alpha}{(s-\alpha)^2 - \beta^2} = \{e^{\alpha t}\cosh\beta t\}, \quad \frac{\beta}{(s-\alpha)^2 - \beta^2} = \{e^{\alpha t}\sinh\beta t\}$$

例 1.25. 次の微分方程式を解け.

$$y'' + \omega^2 y = f, \quad y(0) = \gamma_0, \ y'(0) = \gamma_1.$$

解は

$$y = \frac{s\gamma_0 + \gamma_1 + f}{s^2 + \omega^2} = \gamma_0\frac{s}{s^2 + \omega^2} + \gamma_1\frac{1}{s^2 + \omega^2} + \frac{f}{s^2 + \omega^2} \tag{1.21}$$

である. 式 (1.10) (1.21) を比べてみると, ほとんど同じ形をしていることが
わかる. 関係式 (1.20) を用いて

$$\frac{s}{s^2 + \omega^2} = \frac{s}{(s+i\omega)(s-i\omega)} = \frac{1}{2}\left(\frac{1}{s-i\omega} + \frac{1}{s+i\omega}\right)$$

$$= \left\{\frac{e^{i\omega t} + e^{-i\omega t}}{2}\right\} = \{\cos\omega t\}$$

$$\frac{\omega}{s^2 + \omega^2} = \frac{\omega}{(s+i\omega)(s-i\omega)} = \frac{1}{2i}\left(\frac{1}{s-i\omega} - \frac{1}{s+i\omega}\right)$$

$$= \left\{\frac{e^{i\omega t} - e^{-i\omega t}}{2i}\right\} = \{\sin\omega t\}$$

より,

$$y = \gamma_0\{\cos\omega t\} + \frac{\gamma_1}{\omega}\{\sin\omega t\} + \frac{1}{\omega}\left\{\int_0^t \sin\omega(t-\tau)f(\tau)\,d\tau\right\}$$

となる. 普通の書き方では

$$y(t) = \gamma_0\cos\omega t + \frac{\gamma_1}{\omega}\sin\omega t + \frac{1}{\omega}\int_0^t \sin\omega(t-\tau)f(\tau)\,d\tau$$

である.

特に $\gamma_0 = \gamma_1 = 0$, $f(t) = \delta(t)$ のときの解は

$$y(t) = \frac{1}{\omega}\sin\omega t$$

となり，**インパルス応答**と呼ばれている．

$$\frac{1}{\omega}\sin\omega(t-\tau)$$

は $t=\tau$ のときの衝撃（インパルス）$\delta(t-\tau)$ に対する応答と考えられ，

$$f(t)=\int_0^t \delta(t-\tau)f(\tau)\,d\tau$$

だから $f(t)$ に対する応答はインパルス $\delta(t-\tau)f(\tau)$ に対する応答をよせ集めて

$$y(t)=\frac{1}{\omega}\int_0^t \sin\omega(t-\tau)f(\tau)\,d\tau$$

となると考えられる．

注意 1.26. 解を求めるには $\int_0^t \sin\omega(t-\tau)f(\tau)\,d\tau$ が計算できなければならないので，積分の能力も大切である．最近の数式処理ソフトはかなりの積分能力があるので，そのうち積分は機械に任せてしまうようになるかもしれない．以下の計算は Maxima による．$f(t)$ によっては Maxima でも簡単に求まらない．

(%i1) odeq1:'diff(y(t),t,2)+y(t)=1/(1+e^t);

(%o1) $\frac{d^2}{dt^2}y(t)+y(t)=\frac{1}{e^t+1}$

(%i2) ode2(odeq1,y(t),t);

(%o2) $y(t)=-\cos(t)\int\frac{\sin(t)}{e^t+1}\ \mathrm{d}\ t+\sin(t)\int\frac{\cos(t)}{e^t+1}\ \mathrm{d}\ t+\%\mathrm{k}1\sin(t)+\%\mathrm{k}2\cos(t)$

(%i3) odeq2:diff(y(t),t,2)+y(t)=tan(t);

(%o3) $\frac{d^2}{dt^2}y(t)+y(t)=\tan(t)$

(%i4) ode2(odeq2,y(t),t);

(%o4) $y(t)=-\frac{\cos(t)\log(\sin(t)+1)-\cos(t)\log(\sin(t)-1)}{2}+\%\mathrm{k}1\sin(t)+\%\mathrm{k}2\cos(t)$

1.8　定数係数高階線形非同次方程式

　　　　線形非同次方程式の解の空間はアフィン空間である．

微分多項式

$$P(D)=(D-\lambda_1)^{\ell_1}\dots(D-\lambda_r)^{\ell_r}=\sum_{i+j=n}a_i D^j$$

に対して

$$P(D)y=R(t)$$

の解を求めることを考える．初期条件

$$y(0) = \gamma_0, y'(0) = \gamma_1, \ldots, y^{(n-1)}(0) = \gamma_{n-1}$$

を満たす解を演算子法で求めると，

$$P(s)y = (s - \lambda_1)^{\ell_1} \ldots (s - \lambda_r)^{\ell_r} y = \sum_{l=0}^{n-1} \left(\sum_{i+k=n-l-1} a_i \gamma_k \right) s^l + \{R(t)\}$$

より

$$y = y_0 + y_1 = \frac{Q(s)}{P(s)} + \frac{\{R(t)\}}{P(s)}, \ Q(s) = \sum_{l=0}^{n-1} \left(\sum_{i+k=n-l-1} a_i \gamma_k \right) s^l$$

となり，

$$y_0 = \frac{Q(s)}{P(s)} = \sum_{i=1}^{r} \sum_{j=1}^{\ell_i} \frac{c_{ij}}{(s - \lambda_i)^j}$$

と部分分数分解されることから，c_{ij} を任意定数と思えば

$$y_0 = \sum_{i=1}^{r} \sum_{j=1}^{\ell_i} c_{ij} \frac{t^{j-1} e^{\lambda_i t}}{(j-1)!} \tag{1.22}$$

は $P(D)y = 0$ の一般解である．また，

$$\frac{1}{P(s)} = \sum_{i=1}^{r} \sum_{j=1}^{\ell_i} \frac{A_{ij}}{(s - \lambda_i)^j}$$

と部分分数分解されることから，

$$\frac{\{R(t)\}}{(s - \lambda_i)^j} = \frac{1}{(j-1)!} \int_0^t (t - \tau)^{j-1} e^{\lambda_i (t - \tau)} R(\tau) \, d\tau \tag{1.23}$$

が求まればよい．

ここで，同次方程式 $P(D)y = 0$ の解と非同次方程式 $P(D)y = R(t)$ の解との関係を示す次の定理を証明しよう．

定理 1.27. y_1 を $P(D)y = R(t)$ の１つの解とする．このとき $P(D)y = R(t)$ の任意の解 y は y_1 と $P(D)y = 0$ の解 y_0 の和 $y = y_0 + y_1$ で表される．

証明. $y_0 = y - y_1$ とおいて y_0 が同次方程式の解であることを示せばよい．それは次の等式からわかる．

$$P(D)y_0 = P(D)(y - y_1) = P(D)y - P(D)y_1 = R(t) - R(t) = 0. \quad \square$$

同次方程式の解は定理 1.5 よりよくわかっているので，非同次方程式の解が 1 つ見つかればよい．$y_0(t, c_1, \ldots, c_n)$ を同次方程式の一般解，$y_1(t)$ を非同次方程式のある 1 つの解としたとき

$$y(t, c_1, \ldots, c_n) = y_0(t, c_1, \ldots, c_n) + y_1(t)$$

の形の解を非同次方程式の一般解という．

注意 1.28. 図 1.1 に示すように 3 次元空間 $\boldsymbol{R}^3$ 内の xy 平面は線形空間だがこれに平行な平面 $\{z = 1\}$ は線形空間ではない．しかし平面 $\{z = 1\}$ の任意の点 P は P_0 と xy 平面内のベクトル Q との和で表される．このような空間を**アフィン空間**という．非同次方程式の解の空間はアフィン空間である．たとえば方程式

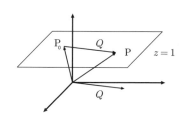

図 1.1 アフィン空間

$y'' + 2y' + y = 1$ の解は $y_1 = 1$ と $y'' + 2y' + y = 0$ の解 $y_0 = c_1 e^{-t} + c_2 t e^{-t}$ の和である．

例 1.29. $R(t) = t^m e^{\alpha t}$ のとき．

$$\frac{m!}{(s - \alpha)^{m+1}} = \{t^m e^{\alpha t}\}$$

なので，$\alpha \ne \lambda_i,\ i = 1, \ldots, r$ のときには，

$$\frac{m!}{P(s)(s - \alpha)^{m+1}} = \sum_{i=1}^{r} \sum_{j=1}^{\ell_i} \frac{c_{ij}}{(s - \lambda_i)^j} + \sum_{j=1}^{m+1} \frac{A_j (j-1)!}{(s - \alpha)^j}$$

と部分分数分解すると，$P(D)y = 0$ の一般解 (1.22) に含まれない部分は

$$y_1 = \sum_{j=1}^{m+1} A_j t^{j-1} e^{\alpha t}$$

である．また，$\alpha = \lambda_k$ のときには

$$\frac{m!}{P(s)(s - \alpha)^{m+1}} = \sum_{i=1, i \ne k}^{r} \sum_{j=1}^{\ell_i} \frac{c_{ij}}{(s - \lambda_i)^j}$$

$$+ \sum_{j=1}^{\ell_k} \frac{c_{kj}}{(s - \lambda_k)^j} + \sum_{j=1}^{m+1} \frac{A_j (j + \ell_k - 1)!}{(s - \lambda_k)^{j + \ell_k}}$$

と部分分数分解すると，

$$\sum_{i=1}^{r}\sum_{j=1}^{\ell_i}\frac{c_{ij}}{(s-\lambda_i)^j} = \left\{\sum_{i=1}^{r}\sum_{j=1}^{\ell_i}c_{ij}\frac{t^{j-1}}{(j-1)!}e^{\lambda_j t}\right\}$$

は $P(D)y=0$ の一般解であり，それに含まれない部分は

$$y_1 = \sum_{j=1}^{m+1}A_j t^{j+\ell_k-1}e^{\alpha t}$$

である．

　実際に A_j を決めるには y_1 に $P(D)$ を作用させて

$$P(D)y_1 = t^m e^{\alpha t}$$

から未定定数 $A_j\ (j=1,\dots,n)$ を決めればよいが，何の予備知識もいらない次のような方法もある．まず

$$P(D)y = t^m$$

を満たす解 y を見つけるために t^m を $P(D)$ で割る．話を具体的にするために

$$P(D) = D^2 + D + 1,\quad P(D)y = t^3$$

を考えてみよう．次の計算

$$
\begin{array}{r}
t^3 \quad- 3t^2 \qquad\ + 6 \\
1 + D + D^2\ \overline{)\ t^3 } \\
\underline{t^3\ + 3t^2 + 6t} \\
-3t^2 - 6t \\
\underline{-3t^2 - 6t - 6} \\
6 \\
\underline{6} \\
0
\end{array}
$$

より $(1+D+D^2)(t^3-3t^2+6) = t^3$ となることがわかるので $y = t^3 - 3t^2 + 6$ が解であることがわかる．

$$P(D)y = t^m e^{\alpha t}$$

に対しては，

$$P(D)y = P(D)[e^{\alpha t}e^{-\alpha t}y] = e^{\alpha t}P(D+\alpha)[e^{-\alpha t}y] = t^m e^{\alpha t}$$

より

$$P(D + \alpha)[e^{-\alpha t}y] = t^m$$

を満たす多項式 $e^{-\alpha t}y$ が見つかり，それに $e^{\alpha t}$ を掛けて y が求まる.

問題 1.9. $(D^2 - D)y = 2te^t$ の解を 1 つ求めよ.

例 1.30. $R(t) = e^{\alpha t}$ のとき.

$P(D) = (D - \alpha)^m Q(D), Q(\alpha) \neq 0$ とすれば,

$$\frac{t^m e^{\alpha t}}{m!Q(\alpha)}$$

が方程式 $P(D)y = e^{\alpha t}$ の 1 つの解である. 実際 D の多項式 $P(D + \alpha) = D^m Q(D + \alpha) = Q(\alpha)D^m(1 + a_1 D + a_2 D^2 + \cdots)$ で 1 を割ると

$$Q(\alpha)(D^m + a_1 D^{m+1} + \cdots) \overline{\left) \begin{array}{c} t^m/(m!Q(\alpha)) \\ \hline 1 \\ 1 \\ \hline 0 \end{array}\right.}$$

となり,

$$P(D + \alpha)\frac{t^m}{m!Q(\alpha)} = 1$$

より

$$P(D)\frac{t^m e^{\alpha t}}{m!Q(\alpha)} = e^{\alpha t}P(D + \alpha)\frac{t^m}{m!Q(\alpha)} = e^{\alpha t}$$

となる.

問題 1.10. $y'' - 2y' + 2y = e^t \cos t$ の解を 1 つ求めよ.

　ミクシンスキーの演算子法とラプラス変換の方法を対比させて表を作ると以下のようになる.

演算子法	ラプラス変換法
s: 微分演算子	s: ラプラス変換の変数
$y = \{y(t)\}$	$Y(s) = L\{y(t)\}$
$\dfrac{1}{(s - \alpha)^n} = \left\{\dfrac{t^{n-1}}{(n-1)!}e^{\alpha t}\right\}$	$\dfrac{1}{(s - \alpha)^n} = L\left\{\dfrac{t^{n-1}}{(n-1)!}e^{\alpha t}\right\}$
$f \cdot g = \{f * g(t)\}$	$F(s)G(s) = L\{f * g(t)\}$

1.9 応用例

例 1.31. 抵抗 R の両端の電圧 V_R はそれに流れる電流 I と $V_R = RI$ なる関係にあり，コイル L の両端の電圧は $V_L = LdI/dt$，コンデンサーの両端の電圧 V_C はそれに蓄えられた電荷 Q と $V_C = Q/C$ なる関係にある．$dQ/dt = I$ なる関係があるので図 1.2 の回路に流れる電流 $I(t)$ は外部電圧を $V(t)$ とすれば方程式

$$L\frac{d^2 I(t)}{dt^2} + R\frac{dI(t)}{dt} + \frac{1}{C}I(t) = \frac{dV(t)}{dt} \qquad (1.24)$$

を満たす．図 1.3 のような重りを付けたバネの周期的な外力 $F(t)$ のもとでの運動は方程式

$$m\frac{d^2 y(t)}{dt^2} + \mu\frac{dy(t)}{dt} + ky(t) = F(t)$$

で表される．ここで m は質量，μ は摩擦係数，k はバネの弾性係数であり，L はインダクタンス，R は抵抗，C は電気容量である．

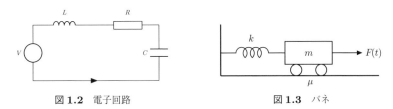

図 1.2　電子回路　　　　　　　　図 1.3　バネ

$V(t) = V_0 e^{i\omega t}, F(t) = F_0 e^{i\omega t}$ とおくと，これらはいずれも

$$\frac{d^2 y(t)}{dt^2} + a\frac{dy(t)}{dt} + by(t) = ce^{i\omega t} \qquad (1.25)$$

$(a, b > 0)$ なる形をしているので同じような現象が起こると思われる．計算を簡単にするために複素化したが，c が実数ならば (1.25) の解の実数部分をとれば

$$\frac{d^2 y(t)}{dt^2} + a\frac{dy(t)}{dt} + by(t) = c\cos\omega t$$

の解が得られる．初期条件 $y(0) = \gamma_0, y'(0) = \gamma_1$ のもとで解くと

$$s^2 y - s\gamma_0 - \gamma_1 + asy - a\gamma_0 + by = \frac{c}{s - i\omega},$$

$$(s^2 + as + b)y = s\gamma_0 + \gamma_1 + a\gamma_0 + \frac{c}{s - i\omega},$$

$$y = \frac{s\gamma_0 + \gamma_1 + a\gamma_0}{s^2 + as + b} + \frac{c}{(s^2 + as + b)(s - i\omega)}$$

となる．上の分数を部分分数分解するために，分母を因数分解する．まず $c = 0$ の場合を考えよう．

1) $a^2 - 4b = 0$ のときには $\lambda^2 + a\lambda + b = 0$ は重解 $\lambda = -a/2 < 0$ をもつので，

$$y = \frac{s\gamma_0 + \gamma_1 + a\gamma_0}{s^2 + as + b} = \frac{C_1}{s - \lambda} + \frac{C_2}{(s - \lambda)^2}$$

と部分分数分解される．

$$y(t) = C_1 e^{\lambda t} + C_2 t e^{\lambda t}$$

となり解は図 1.4 のようになり臨界制動といわれる．C_1, C_2 は γ_0, γ_1 で表すことができて，

$$C_1 = \gamma_0, \quad C_2 = \gamma_1 + \frac{a\gamma_0}{2}$$

である．

2) $a^2 - 4b > 0$ のときには 2 つの解 λ_1, λ_2 が得られるが $a > \sqrt{a^2 - 4b}$ なので $\lambda_1, \lambda_2 < 0$ である．

$$y = \frac{s\gamma_0 + \gamma_1 + a\gamma_0}{s^2 + as + b} = \frac{C_1}{s - \lambda_1} + \frac{C_2}{s - \lambda_2}$$

と部分分数分解されるので

$$y(t) = C_1 e^{\lambda_1 t} + C_2 e^{\lambda_2 t}$$

となり解は図 1.5 のようになり過制動といわれる．

3) $a^2 - 4b < 0$ のときには 2 つの解 $\lambda = \alpha + i\beta,\ \bar{\lambda} = \alpha - i\beta,\ \alpha = -a/2 < 0$ が得られるので $C = A + iB$ として

$$y = \frac{s\gamma_0 + \gamma_1 + a\gamma_0}{s^2 + as + b} = \frac{C}{s - \lambda} + \frac{\bar{C}}{s - \bar{\lambda}},$$

$$y(t) = Ce^{\lambda t} + \bar{C}e^{\bar{\lambda} t} = 2Ae^{\alpha t}\cos\beta t - 2Be^{\alpha t}\sin\beta t$$

となる．解は図 1.6 のようになり減衰振動といわれる．

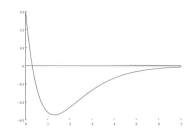

図 1.4　臨界制動

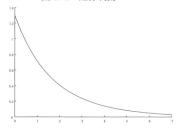

図 1.5　過制動

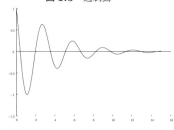

図 1.6　減衰振動

次に $c \neq 0$ の場合を考える．初期条件が $\gamma_0 = \gamma_1 = 0$ のときの (1.25) の解を調べてみよう．λ を $\lambda^2 + a\lambda + b = 0$ の解とすると $a > 0$ より $\mathrm{Re}\,\lambda = -a/2 < 0$ で $\lambda \neq i\omega$ となることに注意する．

1) の場合は

$$\frac{1}{(s^2 + as + b)(s - i\omega)} = \frac{A}{s - \lambda} + \frac{B}{(s - \lambda)^2} + \frac{C}{s - i\omega}$$

と部分分数分解ができる．C は簡単に求まって $f(z) = z^2 + az + b$ とすれば

$$C = C(\omega) = \frac{1}{f(i\omega)} \tag{1.26}$$

となる（例 1.21 参照）．

2) の場合には

$$\frac{1}{(s^2 + as + b)(s - i\omega)} = \frac{A}{s - \lambda_1} + \frac{B}{s - \lambda_2} + \frac{C}{s - i\omega}$$

となり，3) の場合には

$$\frac{1}{(s^2 + as + b)(s - i\omega)} = \frac{A}{s - \lambda} + \frac{B}{s - \bar{\lambda}} + \frac{C}{s - i\omega}$$

となるがいずれの場合にも C は (1.26) で表される．

3) の場合を少し詳しく見てみよう．$f(i\omega) = -\omega^2 + ia\omega + b$ となるので

$$|C(\omega)| = \frac{1}{|f(i\omega)|} = \frac{1}{\sqrt{(b - \omega^2)^2 + a^2\omega^2}}$$

となる．また $C(\omega) = |C(\omega)|e^{i\delta(\omega)}$ と書いたときの $\delta(\omega)$ は

$$\delta(\omega) = \tan^{-1}\left(\frac{a\omega}{b - \omega^2}\right)$$

である．解は

$$y(t) = c(|C(\omega)|e^{i(\omega t + \delta(\omega))} + Ae^{\lambda t} + Be^{\bar{\lambda} t})$$

となるが，右辺の第 2，第 3 項は $t \to \infty$ のとき 0 に収束するから第 1 項が重要である．第 1 項は外力 $ce^{i\omega t}$ より振幅も位相も変わり，共鳴現象が起こっていることがわかる．図 1.7, 1.8 にその様子を描いた．$cC(\omega)$ を L, C, R で書いてみると，$a = R/L$, $b = 1/(LC)$, $c = iV_0\omega/L$ だから，複素インピーダンスと呼ばれる

$$Z(\omega) = R + i\left(\omega L - \frac{1}{\omega C}\right)$$

を用いて

$$cC(\omega) = \frac{V_0}{Z(\omega)}$$

と書ける.

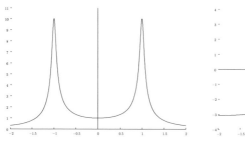

図 1.7　共鳴

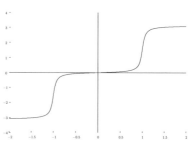

図 1.8　位相の変化

例 1.32.　前の例では抵抗, コイルそ
れにコンデンサーを用いた回路が共鳴
現象を起こすことを見たが, 増幅率 K
の演算増幅器を使えば抵抗とコンデン
サーだけを用いた回路が共鳴現象を起
こすことを見てみよう. 図 1.9 の回路
で成立する式

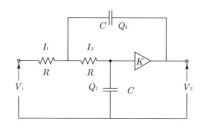

図 1.9　演算増幅器

$$I_1 R + I_2 R + \frac{Q_1}{C} = V_1, \quad I_2 R + \frac{Q_1}{C} + \frac{Q_2}{C} = V_2,$$

$$\frac{dQ_2}{dt} = I_2 - I_1, \quad \frac{dQ_1}{dt} = I_2, \quad K\frac{Q_1}{C} = V_2$$

から得られる

$$R\left(\frac{dI_1}{dt} + \frac{dI_2}{dt}\right) + \frac{1}{C}\frac{dQ_1}{dt} = \frac{dV_1}{dt}, \quad R\frac{dI_2}{dt} + \frac{1}{C}\left(\frac{dQ_1}{dt} + \frac{dQ_2}{dt}\right) = \frac{dV_2}{dt},$$

$$\frac{dQ_2}{dt} = I_2 - I_1, \quad \frac{dQ_1}{dt} = I_2, \quad \frac{K}{C}\frac{dQ_1}{dt} = \frac{dV_2}{dt}$$

から dV_2/dt, dQ_1/dt, dQ_2/dt を消去して

$$R\left(\frac{dI_1}{dt} + \frac{dI_2}{dt}\right) + \frac{I_2}{C} = \frac{dV_1}{dt}, \quad R\frac{dI_2}{dt} + \frac{1}{C}((2-K)I_2 - I_1) = 0$$

が得られ，これらから I_1 を消去して I_2 に関する方程式を作れば

$$R^2 C \frac{d^2 I_2}{dt^2} + R(3 - K)\frac{dI_2}{dt} + \frac{I_2}{C} = \frac{dV_1}{dt}$$

となって (1.24) と同じような方程式になる.

演習問題

演習 1　次の微分方程式の一般解を求めよ.

(1)　$y'' - 2y' - 2y = 0$　　　(2)　$y'' - y' + y = 0$　　　(3)　$y'' - 2y' + y = 0$

演習 2　次の微分方程式の一般解を求めよ.

(1)　$(D - 2)(D^2 - 1)y = 0$　　　(2)　$D(D^2 - 5D + 6)y = 0$

(3)　$(D - 1)^2 (D + 1)y = 0$

演習 3　次の微分方程式の一般解を求めよ.

(1)　$y'' - y' - y = t^2$　　　(2)　$y'' - 2y' + 2y = \cos t$　　　(3)　$y'' - 2y' + y = te^t$

演習 4　次の微分方程式の一般解を求めよ.

(1)　$(D - 1)^2 (D + 1)y = e^{-t}$　　　(2)　$D(D^2 - 2D + 2)y = e^t \cos t$

(3)　$(D - 1)^2 (D + 1)y = t^2 e^t$

演習 5　次の微分方程式の解 $y(t)$ のラプラス変換 $Y(s) = L\{y\}$ を求めよ. また $Y(s)$ を逆ラプラス変換して $y(t)$ を求めよ.

(1)　$y'' + 4y' + 4y = 0, \;\; y(0) = 0, \; y'(0) = 2$

(2)　$y'' + 4y = \cos t, \;\; y(0) = y'(0) = 0$

(3)　$y''' - 2y'' + y' - 2y = t, \;\; y(0) = y'(0) = y''(0) = 0$

(4)　$y' + a^2 \displaystyle\int_0^t y(\tau)d\tau = b \sin ct, \;\; y(0) = d$

定数係数連立線形微分方程式

　この章では連立 1 階定数係数線形微分方程式を扱う．行列を用いた表現では連立方程式は単独方程式と同じような形をとり，解は行列の指数関数で表すことができる．具体的には代数方程式を解くことと連立 1 次方程式を解くことで微分方程式の解は求められる．線形代数のちょっと高級な理論である固有値問題と行列の標準化の理論がここでは重要な役割をはたす．単独高階の方程式は連立 1 階の方程式に書き直すことができるので，第 2 章の内容は第 1 章の内容の拡張になっている．

2.1　ベクトル値関数

　C^n を n 次複素列ベクトル全体の作る空間とする．$c \in C^n$ に対して $\|c\|$ を

$$\|c\| = \sqrt{\sum_{j=1}^{n} |c_j|^2}$$

と定義して c のノルムと呼ぶ．そのとき

$$|c_j| \leq \|c\| \leq \sum_{j=1}^{n} |c_j| \tag{2.1}$$

が成立する．ノルムは $a \in C$, $c, d \in C^n$ に対して

$$\|c + d\| \leq \|c\| + \|d\|, \quad \|ac\| = |a|\|c\|$$

なる性質をもち C^n での極限を考えるときに C での絶対値と同じ役割をはたす．

　上の性質をもつことを示すには $c \neq 0, d \neq 0$ として $c'_j = c_j/\|c\|, d'_j =$

$d_j/\|\boldsymbol{d}\|$ とおいて不等式 $2|cd| \le |c|^2 + |d|^2$ を用いれば

$$\frac{1}{\|\boldsymbol{c}\|\|\boldsymbol{d}\|} \sum_{j=1}^{n} |c_j d_j| = \sum_{j=1}^{n} |c'_j d'_j| \le \frac{1}{2} \sum_{j=1}^{n} (|c'_j|^2 + |d'_j|^2) = 1$$

より

$$\sum_{j=1}^{n} |c_j d_j| \le \|\boldsymbol{c}\|\|\boldsymbol{d}\|$$

が従い

$$\|\boldsymbol{c} + \boldsymbol{d}\|^2 = \sum_{j=1}^{n} |c_j + d_j|^2 \le \sum_{j=1}^{n} (|c_j|^2 + 2|c_j d_j| + |d_j|^2)$$

$$\le \|\boldsymbol{c}\|^2 + 2\|\boldsymbol{c}\|\|\boldsymbol{d}\| + \|\boldsymbol{d}\|^2 = (\|\boldsymbol{c}\| + \|\boldsymbol{d}\|)^2$$

となる. $\boldsymbol{c} = \boldsymbol{0}$ あるいは $\boldsymbol{d} = \boldsymbol{0}$ のときは明らか.

$$\|a\boldsymbol{c}\|^2 = \sum_{j=1}^{n} |ac_j|^2 = |a|^2 \|\boldsymbol{c}\|^2$$

より $\|a\boldsymbol{c}\| = |a|\|\boldsymbol{c}\|$ が従う.

$\boldsymbol{C}^n$ に値をとる関数 $\boldsymbol{x}(t)$ は n 個の関数 $x_1(t), x_2(t), \dots, x_n(t)$ を用いて

$$\boldsymbol{x}(t) = \begin{bmatrix} x_1(t) \\ x_2(t) \\ \vdots \\ x_n(t) \end{bmatrix} = x_1(t)\boldsymbol{e}_1 + x_2(t)\boldsymbol{e}_2 + \dots + x_n(t)\boldsymbol{e}_n,$$

$$\boldsymbol{e}_1 = \begin{bmatrix} 1 \\ 0 \\ \vdots \\ 0 \end{bmatrix}, \ \boldsymbol{e}_2 = \begin{bmatrix} 0 \\ 1 \\ \vdots \\ 0 \end{bmatrix}, \dots, \ \boldsymbol{e}_n = \begin{bmatrix} 0 \\ \vdots \\ 0 \\ 1 \end{bmatrix}$$

と表される. $t \to a$ のとき $\|\boldsymbol{x}(t) - \boldsymbol{c}\| \to 0$ となるならば $\boldsymbol{x}(t) \to \boldsymbol{c} \ (t \to a)$ と書くことにし, $\boldsymbol{x}(t) \to \boldsymbol{x}(a) \ (t \to a)$ のとき $\boldsymbol{x}(t)$ は $t = a$ で連続であるということにする. (2.1) より

$$|x_j(t) - x_j(a)| \le \|\boldsymbol{x}(t) - \boldsymbol{x}(a)\| \le \sum_{j=1}^{n} |x_j(t) - x_j(a)|$$

が従うので，$\boldsymbol{x}(t)$ が $t = a$ で連続なことと $x_j(t)$ がすべての j について $t = a$ で連続なこととは同値である．また，

$$\frac{\boldsymbol{x}(a+h) - \boldsymbol{x}(a)}{h} \to \boldsymbol{c} \ (h \to 0)$$

のとき $\boldsymbol{x}(t)$ は $t = a$ で微分可能であるということにすれば，これは $x_j(t)$ がすべての j について $t = a$ で微分可能であることと同値である．これらのことより $\boldsymbol{C}^n$ に値をとる関数 $\boldsymbol{x}(t)$ が m 回連続微分可能であることと，成分 $x_j(t)$ がすべて m 回連続微分可能であることとは同値であることがわかる．そこで $\boldsymbol{C}^n$ に値をとる m 回連続微分可能な関数全体の作る空間を $\mathcal{C}^m(\boldsymbol{R}; \boldsymbol{C}^n)$，$\boldsymbol{R}^n$ に値をとるものを $\mathcal{C}^m(\boldsymbol{R}; \boldsymbol{R}^n)$ と書くことにする．

2.2 同次方程式

連立方程式はベクトルと行列を用いて書き換えると
単独方程式と同じ形になる．

次の連立微分方程式

$$\begin{cases} x_1'(t) = a_{11}x_1(t) + a_{12}x_2(t) + \cdots + a_{1n}x_n(t) \\ x_2'(t) = a_{21}x_1(t) + a_{22}x_2(t) + \cdots + a_{2n}x_n(t) \\ \cdots\cdots\cdots \\ x_n'(t) = a_{n1}x_1(t) + a_{n2}x_2(t) + \cdots + a_{nn}x_n(t) \end{cases}$$

は

$$\boldsymbol{x}(t) = \begin{bmatrix} x_1(t) \\ x_2(t) \\ \vdots \\ x_n(t) \end{bmatrix}, \ A = \begin{bmatrix} a_{11} & a_{12} & \dots & a_{1n} \\ a_{21} & a_{22} & \dots & a_{2n} \\ & & \dots & \\ a_{n1} & a_{n2} & \dots & a_{nn} \end{bmatrix}$$

とベクトル関数 $\boldsymbol{x}(t)$ と行列 A を導入して

$$\frac{d}{dt}\boldsymbol{x}(t) = A\boldsymbol{x}(t) \tag{2.2}$$

と書くことができる．こう書いてみると単独方程式からの類推で一般解は

$$\boldsymbol{x}(t) = e^{tA}\boldsymbol{c}$$

と書けると思われる. ここで $\boldsymbol{c}$ は任意のベクトルで e^{tA} は

$$e^{tA} = \sum_{n=0}^{\infty} \frac{1}{n!} t^n A^n \tag{2.3}$$

と定義する. これが収束するかという問題は後にまわして, これを形式的に t で微分してみると

$$\frac{d}{dt} e^{tA} = \sum_{n=1}^{\infty} \frac{1}{n!} n t^{n-1} A^n = A \sum_{n=1}^{\infty} \frac{1}{(n-1)!} t^{n-1} A^{n-1} = A e^{tA}$$

となり,

$$\frac{d}{dt} \boldsymbol{x}(t) = \frac{d}{dt} e^{tA} \boldsymbol{c} = A e^{tA} \boldsymbol{c} = A \boldsymbol{x}(t)$$

となる. 行列 A が正則行列 P によって

$$P^{-1} A P = \Lambda = \begin{bmatrix} \lambda_1 & 0 & \dots & 0 \\ 0 & \lambda_2 & \ddots & \vdots \\ \vdots & \ddots & \ddots & 0 \\ 0 & \dots & 0 & \lambda_n \end{bmatrix}$$

と対角化されたとすると, $A = P \Lambda P^{-1}$, $A^n = P \Lambda^n P^{-1}$ より

$$e^{tA} = P \left(\sum_{n=0}^{\infty} \frac{1}{n!} t^n \Lambda^n \right) P^{-1} = P e^{t\Lambda} P^{-1}$$

$$= P \begin{bmatrix} e^{t\lambda_1} & 0 & \dots & 0 \\ 0 & e^{t\lambda_2} & \ddots & \vdots \\ \vdots & \ddots & \ddots & 0 \\ 0 & \dots & 0 & e^{t\lambda_n} \end{bmatrix} P^{-1}$$

と (2.3) は収束することがわかり, これは $e^{tA} P = P e^{t\Lambda}$ と書ける. $\boldsymbol{p}_j$ ($j = 1, 2, \dots, n$) を $P = [\boldsymbol{p}_1 \ \boldsymbol{p}_2 \ \dots \ \boldsymbol{p}_n]$ なるベクトルとすると, $AP = P\Lambda$ より $\boldsymbol{p}_j$ は行列 A の固有値 λ_j に対する固有ベクトルであって, $e^{tA} P = P e^{t\Lambda}$ は $e^{tA} \boldsymbol{p}_j = e^{\lambda_j t} \boldsymbol{p}_j$ ($j = 1, 2, \dots, n$) と同値である.

$$A \boldsymbol{p}_j = \lambda_j \boldsymbol{p}_j$$

なので $\boldsymbol{x}_j(t) = e^{\lambda_j t}\boldsymbol{p}_j$ は

$$\frac{d}{dt}\boldsymbol{x}_j(t) = \lambda_j e^{\lambda_j t}\boldsymbol{p}_j = e^{\lambda_j t}A\boldsymbol{p}_j = A\boldsymbol{x}_j(t)$$

となり，$\boldsymbol{x}_j(t)$ が解であることがわかる．

2.3　一般固有ベクトルとジョルダン標準形

　　　　　任意の行列はジョルダンの標準形に変換される．

　以下の議論では固有値が重要な役割を演じるので，行列は複素行列を考えることにする．実行列に対してもその固有値が複素数になり，固有ベクトルが複素ベクトルになることがあるためである．$\boldsymbol{C}^{n\times n}$ $(\boldsymbol{R}^{n\times n})$ で n 次複素（実）正方行列全体の作る空間を表すことにする．n 次の正方行列 A が対角化されるための必要十分条件は 1 次独立な n 個の固有ベクトルをもつことで，いつでも対角化可能というわけではない．

　固有方程式 $|\lambda E - A| = 0$ が n 個の相異なる解（固有値）$\lambda_1, \ldots, \lambda_n$ をもてば 1 次独立な n 個の固有ベクトルをもつので，固有方程式が重複度 k の解をもつ場合を考えよう．このとき A は 1 次独立な k 個の固有ベクトルはもたないかもしれないが，以下に定義する一般固有ベクトルというものが固有ベクトルの代わりをする．

定義 2.1. λ を n 次正方行列 A の重複度 ℓ の固有値とする．

$$(A - \lambda E)^\ell \boldsymbol{x} = \boldsymbol{0}$$

が成り立つとき，ベクトル $\boldsymbol{x} \in \boldsymbol{C}^n$ を行列 A の固有値 λ に対する**一般固有ベクトル**という．さらに

$$(A - \lambda E)^k \boldsymbol{x} = \boldsymbol{0}, \ (A - \lambda E)^{k-1}\boldsymbol{x} \neq \boldsymbol{0}$$

であるとき $\boldsymbol{x}$ の**高さ**は k であるという．

　固有ベクトルは高さ 1 の一般固有ベクトルである．定義から固有値 λ に対する一般固有ベクトル全体は $\boldsymbol{C}^n$ の部分ベクトル空間（一般固有空間）をなす．一般固有ベクトルが重要なのは，次の定理が成立するからである．

定理 2.2. n 次正方複素行列 A に対して A の一般固有ベクトルからなる $\boldsymbol{C}^n$ の基底が存在する.

このことは, 以下のようにしてわかる. $P(z) = |zE - A| = \prod_{j=1}^{r}(z - \lambda_j)^{\ell_j}$ を A の固有多項式とする. 部分分数分解

$$\frac{1}{P(z)} = \sum_{j=1}^{r} \frac{f_j(z)}{(z - \lambda_j)^{\ell_j}}$$

より決まる $f_j(z)$ に対して

$$g_j(z) = \frac{f_j(z)}{(z - \lambda_j)^{\ell_j}} P(z) = f_j(z) \prod_{k \neq j} (z - \lambda_k)^{\ell_k}$$

とおくと

$$\sum_{j=1}^{r} g_j(A) = E$$

となり, また Cayley-Hamilton の定理 $P(A) = O$ (O は零行列) より

$$(A - \lambda_j E)^{\ell_j} g_j(A) = f_j(A) P(A) = O,$$

$$g_i(A) g_j(A) = f_i(A) f_j(A) P(A) \prod_{k \neq i,j} (A - \lambda_k E)^{\ell_k} = O, \ (i \neq j)$$

がわかり, これより

$$g_j(A) = g_j(A) E = g_j(A) \sum_{k=1}^{r} g_k(A) = g_j(A)^2$$

もわかる. これらの式を用いると任意の $\boldsymbol{x} \in \boldsymbol{C}^n$ は一般化された固有ベクトルの和

$$\boldsymbol{x} = \sum_{j=1}^{r} g_j(A) \boldsymbol{x} = \sum_{j=1}^{r} \boldsymbol{x}_j,$$

$$(A - \lambda_j E)^{\ell_j} \boldsymbol{x}_j = (A - \lambda_j E)^{\ell_j} g_j(A) \boldsymbol{x} = f_j(A) P(A) \boldsymbol{x} = \boldsymbol{0}$$

に分解される. この分解の一意性は, λ_j に対する一般化された固有ベクトル $\boldsymbol{x}_j$ が $\sum_{j=1}^{r} \boldsymbol{x}_j = \boldsymbol{0}$ を満たせば $k \neq j$ なる $g_k(A)$ は因数 $(A - \lambda_j E)^{\ell_j}$ を含むので $g_k(A) \boldsymbol{x}_j = \boldsymbol{0}$ となることに注意して

$$\boldsymbol{x}_j = \sum_{k=1}^{r} g_k(A) \boldsymbol{x}_j = g_j(A) \boldsymbol{x}_j = -g_j(A) \sum_{k \neq j} \boldsymbol{x}_k = \boldsymbol{0}$$

となることから従う．このことより，固有値 λ_j $(j = 1, \ldots, r)$ に対する一般
固有空間の基底を求めればこれらが $\boldsymbol{C}^n$ の基底を与えることがわかる．行列
$g_j(A)$ の 1 次独立な縦ベクトルがそのような基底になっているが，ここでは固
有値 $\lambda = \lambda_j$ に対する一般固有空間の基底でジョルダン基底と呼ばれるものの
求め方を以下に示そう．まず $N = A - \lambda_j E$ とおいてベクトル空間 W_k を

$$W_k = \{\boldsymbol{x} \in \boldsymbol{C}^n; N^k \boldsymbol{x} = \boldsymbol{0}\} \ (k = 0, 1, \ldots, \ell_j)$$

で定義する．そしてその次元を m_k とし，さらに $r_k = m_k - m_{k-1}$ $(k = 1, \ldots, \ell_j)$ とする．W_{ℓ_j} の元が固有値 λ_j に対する一般固有ベクトルで，
$\boldsymbol{x} \in W_k$ かつ $\boldsymbol{x} \notin W_{k-1}$ なるベクトル $\boldsymbol{x}$ が高さ k の一般固有ベクトルであ
る．W_k は高さが k 以下の一般固有ベクトルの集まりである．$r_k > 0$ となる
最大の k を ν とおいて以下のように基底を作っていく．最初は

(1) (高さ ν の基底) $W_{\nu-1}$ の任意の基底に高さ ν の一般固有ベクトル
$\boldsymbol{u}_1, \ldots, \boldsymbol{u}_{r_\nu}$ を付け加えて W_ν の基底を作る（このとき $m_\nu = m_{\nu-1} + r_\nu$ な
ので「$c_1 \boldsymbol{u}_1 + \cdots + c_{r_\nu} \boldsymbol{u}_{r_\nu} \in W_{\nu-1}$ ならば $c_1 = \cdots = c_{r_\nu} = 0$」が成立し，
$\boldsymbol{u}_1, \ldots, \boldsymbol{u}_{r_\nu}$ は $W_{\nu-1}$ を法として 1 次独立であるという）．

問題 2.1. $\boldsymbol{v}_1, \ldots, \boldsymbol{v}_\mu \in W_\nu$ が W_k を法として 1 次独立であることは，次の
2 つの条件が成立することと同値であることを示せ．

　1) $\boldsymbol{v}_1, \ldots, \boldsymbol{v}_\mu$ は 1 次独立である．

　2) $\boldsymbol{v}_1, \ldots, \boldsymbol{v}_\mu$ で張られるベクトル空間 $V = \{c_1 \boldsymbol{v}_1 + \cdots + c_\mu \boldsymbol{v}_\mu; c_j \in \boldsymbol{C}\}$
に対して $V \cap W_k = \{\boldsymbol{0}\}$ となる．

問題 2.2. $\boldsymbol{u}_1, \ldots, \boldsymbol{u}_{r_\nu}$ が $W_{\nu-1}$ を法として 1 次独立であることを示せ．

　高さ $\nu - 1$ の基底をうまく選ぶために次のことに注意して (1) と同様にや
る．

(1′) $\boldsymbol{u}_1, \ldots, \boldsymbol{u}_{r_\nu}$ に N を作用させた $N\boldsymbol{u}_1, \ldots, N\boldsymbol{u}_{r_\nu}$ は（$W_{\nu-2}$ を法として 1
次独立な）高さ $\nu - 1$ の一般固有ベクトルである．

問題 2.3. $\boldsymbol{u}_1, \ldots, \boldsymbol{u}_{r_\nu}$ が $W_{\nu-1}$ を法として 1 次独立であることを用いて
$N\boldsymbol{u}_1, \ldots, N\boldsymbol{u}_{r_\nu}$ は $W_{\nu-2}$ を法として 1 次独立であることを示せ．

　(1) と同様にして以下のように高さ $\nu - 1$ の基底を選ぶ．

(2) (高さ $\nu-1$ の基底) $W_{\nu-2}$ の任意の基底に高さ $\nu-1$ の 1 次独立な一般固有ベクトル $N\boldsymbol{u}_1, \ldots, N\boldsymbol{u}_{r_\nu}$ と必要ならばそれ以外の高さ $\nu-1$ の一般固有ベクトル $\boldsymbol{u}_{r_\nu+1}, \ldots, \boldsymbol{u}_{r_{\nu-1}}$ を付け加えて $W_{\nu-1}$ の基底を作る（これらは $m_{\nu-1} = m_{\nu-2} + r_{\nu-1}$ なので $W_{\nu-2}$ を法として 1 次独立である）．高さ $\nu-2$ の基底を求めるために次のことに注意して (2) と同様にやる．

(2′) $N\boldsymbol{u}_1, \ldots, N\boldsymbol{u}_{r_\nu}, \boldsymbol{u}_{r_\nu+1}, \ldots, \boldsymbol{u}_{r_{\nu-1}}$ に N を作用させた $N^2\boldsymbol{u}_1, \ldots, N^2\boldsymbol{u}_{r_\nu}$, $N\boldsymbol{u}_{r_\nu+1}, \ldots, N\boldsymbol{u}_{r_{\nu-1}}$ は（$W_{\nu-3}$ を法として 1 次独立な）高さ $\nu-2$ の一般固有ベクトルである．

(3) (高さ $\nu-2$ の基底) $W_{\nu-3}$ の任意の基底に高さ $\nu-2$ の一般固有ベクトル $N^2\boldsymbol{u}_1, \ldots, N^2\boldsymbol{u}_{r_\nu}, N\boldsymbol{u}_{r_\nu+1}, \ldots, N\boldsymbol{u}_{r_{\nu-1}}$ と必要ならばそれ以外の高さ $\nu-2$ の一般固有ベクトル $\boldsymbol{u}_{r_{\nu-1}+1}, \ldots, \boldsymbol{u}_{r_{\nu-2}}$ を付け加えて $W_{\nu-2}$ の基底を作る．

同様の議論を $(3'), (4), \ldots, (\nu)$ と続けて高さ 1 の一般固有ベクトル（固有ベクトル）の基底 $N^{\nu-1}\boldsymbol{u}_1, \ldots, N^{\nu-1}\boldsymbol{u}_{r_\nu}, N^{\nu-2}\boldsymbol{u}_{r_\nu+1}, \ldots, N^{\nu-2}\boldsymbol{u}_{r_{\nu-1}}, \ldots,$ $N\boldsymbol{u}_{r_3+1}, \ldots, N\boldsymbol{u}_{r_2}, \boldsymbol{u}_{r_2+1}, \ldots, \boldsymbol{u}_{r_1}$ が求まるまで続ける．これらを合わせたものを表にすると

高さ	基底ベクトル
ν	$\boldsymbol{u}_1, \ldots, \boldsymbol{u}_{r_\nu}$
$\nu-1$	$N\boldsymbol{u}_1, \ldots, N\boldsymbol{u}_{r_\nu}, \boldsymbol{u}_{r_\nu+1}, \ldots, \boldsymbol{u}_{r_{\nu-1}}$
$\nu-2$	$N^2\boldsymbol{u}_1, \ldots, N^2\boldsymbol{u}_{r_\nu}, N\boldsymbol{u}_{r_\nu+1}, \ldots, N\boldsymbol{u}_{r_{\nu-1}}, \boldsymbol{u}_{r_{\nu-1}+1}, \ldots, \boldsymbol{u}_{r_{\nu-2}}$
$\vdots$	$\cdots\cdots$
1	$N^{\nu-1}\boldsymbol{u}_1, \ldots, N^{\nu-1}\boldsymbol{u}_{r_\nu}, N^{\nu-2}\boldsymbol{u}_{r_\nu+1}, \ldots, N^{\nu-2}\boldsymbol{u}_{r_{\nu-1}}, \ldots,$ $N\boldsymbol{u}_{r_3+1}, \ldots, N\boldsymbol{u}_{r_2}, \boldsymbol{u}_{r_2+1}, \ldots, \boldsymbol{u}_{r_1}$

となる．これらが固有値 λ_j に対する一般固有空間の基底になっており，ジョルダン (Jordan) 基底と呼ばれている．これらのベクトルを以下のように並べると，行列 A が簡単な形になる．まず第 1 列のベクトルを $N^{\nu-1}\boldsymbol{u}_1, N^{\nu-2}\boldsymbol{u}_1, \ldots, \boldsymbol{u}_1$ と並べると，これらに対しては $A = \lambda_j E + N$ より

$$A[N^{\nu-1}\boldsymbol{u}_1 \; N^{\nu-2}\boldsymbol{u}_1 \; \ldots \; N\boldsymbol{u}_1 \; \boldsymbol{u}_1]$$
$$= [\lambda_j N^{\nu-1}\boldsymbol{u}_1 \; \lambda_j N^{\nu-2}\boldsymbol{u}_1 + N^{\nu-1}\boldsymbol{u}_1 \; \ldots \; \lambda_j \boldsymbol{u}_1 + N\boldsymbol{u}_1]$$
$$= [N^{\nu-1}\boldsymbol{u}_1 \; N^{\nu-2}\boldsymbol{u}_1 \; \ldots \; N\boldsymbol{u}_1 \; \boldsymbol{u}_1] L_{j1}$$

となる．ただし

$$L_{j1} = \begin{bmatrix} \lambda_j & 1 & & O \\ & \ddots & \ddots & \\ & & \ddots & 1 \\ O & & & \lambda_j \end{bmatrix}$$

である．さらに第2列のベクトル $N^{\nu-1}\boldsymbol{u}_2, N^{\nu-2}\boldsymbol{u}_2, \ldots, \boldsymbol{u}_2$ を付け加えると

$$A[N^{\nu-1}\boldsymbol{u}_1 \; \ldots \; \boldsymbol{u}_1 \; N^{\nu-1}\boldsymbol{u}_2 \; \ldots \; \boldsymbol{u}_2]$$

$$= [\lambda_j N^{\nu-1}\boldsymbol{u}_1 \; \ldots \; \lambda_j \boldsymbol{u}_1 + N\boldsymbol{u}_1 \; \lambda_j N^{\nu-1}\boldsymbol{u}_2 \; \ldots \; \lambda_j \boldsymbol{u}_2 + N\boldsymbol{u}_2]$$

$$= [N^{\nu-1}\boldsymbol{u}_1 \; \ldots \; \boldsymbol{u}_1 \; N^{\nu-1}\boldsymbol{u}_2 \; \ldots \; \boldsymbol{u}_2] \begin{bmatrix} L_{j1} & O \\ O & L_{j2} \end{bmatrix}$$

となる．これを続けて $\boldsymbol{u}_{r_2+1}, \ldots, \boldsymbol{u}_{r_1}$ まで付け加えれば，固有値 λ_j に対するジョルダン基底はうまく並べ終わる． このようにして固有値 λ_1 から始めて，うまく並んだジョルダン基底をどんどん付け加えていくと，一般固有ベクトルからなる基底 $(\boldsymbol{e}_1, \boldsymbol{e}_2, \ldots, \boldsymbol{e}_n)$ が得られる．$P = [\boldsymbol{e}_1 \; \boldsymbol{e}_2 \; \ldots \; \boldsymbol{e}_n]$ とすれば

$$P^{-1}AP = \Lambda = \begin{bmatrix} \Lambda_1 & & & O \\ & \Lambda_2 & & \\ & & \ddots & \\ O & & & \Lambda_r \end{bmatrix}, \quad \Lambda_j = \begin{bmatrix} L_{j1} & & & O \\ & L_{j2} & & \\ & & \ddots & \\ O & & & L_{js_j} \end{bmatrix}$$

$(s_j = r_1)$ となる．これがいわゆる**ジョルダン (Jordan) 標準形**であり，L_{jk} を**ジョルダン (Jordan) ブロック**という．具体的に一般固有ベクトルとジョルダン標準形を求めるのは，次の節以後に行う．

問題 2.4. $A = \begin{bmatrix} \lambda & 1 & & O \\ & \ddots & \ddots & \\ & & \ddots & 1 \\ O & & & \lambda \end{bmatrix}$ に対して，e^{tA} を求めよ．

一般固有ベクトルと方程式 (2.2) の解の関係は次の定理で与えられる．

定理 2.3. 固有値 λ に対する高さ ℓ の一般固有ベクトル $\boldsymbol{u}$ に対しては

$$e^{tA}\boldsymbol{u} = e^{\lambda t}\left[\boldsymbol{u} + t(A-\lambda E)\boldsymbol{u} + \frac{t^2}{2!}(A-\lambda E)^2\boldsymbol{u} + \cdots + \frac{t^{\ell-1}}{(\ell-1)!}(A-\lambda E)^{\ell-1}\boldsymbol{u}\right]$$

となる.

証明. $e^{tA} = e^{\lambda t}e^{t(A-\lambda E)}$ と $(A-\lambda E)^{\ell}\boldsymbol{u} = \boldsymbol{0}$ より,

$$e^{t(A-\lambda E)}\boldsymbol{u} = \sum_{n=0}^{\infty}\frac{1}{n!}t^n(A-\lambda E)^n\boldsymbol{u} = \sum_{n=0}^{\ell-1}\frac{1}{n!}t^n(A-\lambda E)^n\boldsymbol{u}$$

となるからである. $\square$

系 2.4.

$$e^{tA} = \sum_{j=1}^{r}e^{\lambda_j t}\left[\sum_{i=0}^{\ell_j-1}\frac{t^i}{i!}(A-\lambda_j E)^i\right]g_j(A) \tag{2.4}$$

証明. 任意の $\boldsymbol{x} \in \boldsymbol{C}^n$ に対して $\boldsymbol{x}_j = g_j(A)\boldsymbol{x}$ は高さが ℓ_j 以下の一般固有ベクトルであり, $\sum_{j=1}^{r}\boldsymbol{x}_j = \boldsymbol{x}$ となることから

$$e^{tA}\boldsymbol{x} = \sum_{j=1}^{r}e^{\lambda_j t}\left[\sum_{i=0}^{\ell_j-1}\frac{t^i}{i!}(A-\lambda_j E)^i\right]g_j(A)\boldsymbol{x}$$

が任意の $\boldsymbol{x} \in \boldsymbol{C}^n$ に対して成り立つからである. $\square$

定義 2.5. 式 (2.4) を e^{tA} の**射影分解**という.

方程式 (2.2) の一般解を求めるためには以下のようにする.

1. A の固有値 λ_j とその重複度 ℓ_j を求める.

2. $(A-\lambda_j E)^{\ell_j}\boldsymbol{e} = \boldsymbol{0}$ $(j = 1,\ldots,r)$ を解いて一般固有ベクトルからなる基底 $(\boldsymbol{e}_1, \boldsymbol{e}_2, \ldots, \boldsymbol{e}_n)$ (たとえばジョルダン基底) を作る.

3. $\boldsymbol{x}_j(t) = e^{tA}\boldsymbol{e}_j$ とおけば

$$c_1\boldsymbol{x}_1(t) + c_2\boldsymbol{x}_2(t) + \cdots + c_n\boldsymbol{x}_n(t)$$

が一般解である.

これが一般解であることは, $\boldsymbol{x}_j(0) = \boldsymbol{e}_j$ は基底であるから (2.2) の任意の解 $\boldsymbol{x}(t)$ に対して $\boldsymbol{x}(0) = \sum_{j=1}^{n}c_j\boldsymbol{x}_j(0)$ と書けて, 解の一意性 (定理 4.4, 注意

4.6 参照）から $\boldsymbol{x}(t) = \sum_{j=1}^{n} c_j \boldsymbol{x}_j(t)$ となることよりわかる.

高階の方程式

$$P(D)y = y^{(n)} + p_1 y^{(n-1)} + \cdots + p_n y = 0 \tag{2.5}$$

は

$$\boldsymbol{y}(t) = \begin{bmatrix} y_1(t) \\ y_2(t) \\ \vdots \\ y_n(t) \end{bmatrix} = \begin{bmatrix} y(t) \\ y'(t) \\ \vdots \\ y^{(n-1)}(t) \end{bmatrix}, \ P = \begin{bmatrix} 0 & 1 & & & O \\ & 0 & 1 & & \\ & & \ddots & \ddots & \\ O & & & 0 & 1 \\ -p_n & -p_{n-1} & \cdots & -p_2 & -p_1 \end{bmatrix}$$

によりベクトル関数 $\boldsymbol{y}(t)$ と行列 P を導入して

$$\frac{d}{dt}\boldsymbol{y}(t) = P\boldsymbol{y}(t) \tag{2.6}$$

と連立方程式の形に書くことができる. (2.6) の解 $\boldsymbol{y}(t)$ の第 1 成分 $y_1(t)$ が (2.5) の解になる.

$$|\lambda E - P| = P(\lambda) = \lambda^n + p_1 \lambda^{n-1} + \cdots + p_n$$

はすぐわかる.

問題 2.5. $|\lambda E - P| = P(\lambda)$ を示せ.

P の固有値は $P(\lambda) = 0$ の解である.

$$P(\lambda) = (\lambda - \lambda_1)^{\ell_1} \cdots (\lambda - \lambda_r)^{\ell_r}$$

とする. P のジョルダン標準形を求めてみよう. P の形から固有値 $\lambda = \lambda_j$ に対する固有ベクトル $\boldsymbol{x}$ の成分 x_i は関係式

$$x_i = \lambda_j x_{i-1}, \ (i = 2, 3, \ldots, n)$$

を満たす. $x_1 = 1$ とすれば

$$\boldsymbol{x}^{(1)}(\lambda) = \begin{bmatrix} 1 \\ \lambda \\ \lambda^2 \\ \vdots \\ \lambda^{n-1} \end{bmatrix} \quad \text{として} \quad \boldsymbol{x}_j^{(1)} = \boldsymbol{x}^{(1)}(\lambda_j) = \begin{bmatrix} 1 \\ \lambda_j \\ \lambda_j^2 \\ \vdots \\ \lambda_j^{n-1} \end{bmatrix}$$

となる. ベクトル $\boldsymbol{x}^{(1)}$ をもとにして次々に一般固有ベクトルを求めることができる. まず高さ 2 の $\boldsymbol{x}_j^{(2)}$ は $\boldsymbol{x}^{(2)}(\lambda_j) = \dfrac{d\boldsymbol{x}^{(1)}}{d\lambda}(\lambda_j)$ とおけばよい. 実際

$$(P - \lambda E)\boldsymbol{x}^{(1)}(\lambda) = \begin{bmatrix} 0 \\ \vdots \\ 0 \\ -P(\lambda) \end{bmatrix} = -P(\lambda)\boldsymbol{e}_n \tag{2.7}$$

となり, 上式を λ で微分すると $\lambda = \lambda_j$ のとき

$$-\boldsymbol{x}^{(1)}(\lambda_j) + (P - \lambda_j E)\frac{d\boldsymbol{x}^{(1)}}{d\lambda}(\lambda_j) = -P'(\lambda_j)\boldsymbol{e}_n = \boldsymbol{0}$$

が得られるからである. 高さ ℓ のときは

$$\boldsymbol{x}_j^{(\ell)} = \boldsymbol{x}^{(\ell)}(\lambda_j) = \frac{1}{(\ell - 1)!}\frac{d^{\ell-1}\boldsymbol{x}^{(1)}}{d\lambda^{\ell-1}}(\lambda_j)$$

である. 実際 (2.7) を $\lambda = \lambda_j$ において λ に関してどんどん微分していくと

$$-k\frac{d^{k-1}\boldsymbol{x}^{(1)}}{d\lambda^{k-1}}(\lambda_j) + (P - \lambda_j E)\frac{d^k\boldsymbol{x}^{(1)}}{d\lambda^k}(\lambda_j) = -\frac{d^k}{d\lambda^k}P(\lambda_j)\boldsymbol{e}_n = \boldsymbol{0}$$

$(k = 1, \ldots, \ell_j - 1)$ が成立するからである. このようにして得られた一般固有ベクトルからなる基底 $\boldsymbol{x}_j^{(\ell)}$ $(1 \leq \ell \leq \ell_j, 1 \leq j \leq r)$ から行列 U を

$$U = [\boldsymbol{x}_1^{(1)} \ \boldsymbol{x}_1^{(2)} \ \ldots \ \boldsymbol{x}_r^{(1)} \ \ldots \ \boldsymbol{x}_r^{(\ell_r)}]$$

とすれば $U^{-1}PU = \Lambda$ はジョルダン標準形になる. 定理 2.3 により

$$e^{tP}\boldsymbol{x}_j^{(\ell)} = e^{\lambda_j t}\left[\boldsymbol{x}_j^{(\ell)} + t\boldsymbol{x}_j^{(\ell-1)} + \frac{t^2}{2!}\boldsymbol{x}_j^{(\ell-2)} + \cdots + \frac{t^{\ell-1}}{(\ell - 1)!}\boldsymbol{x}_j^{(1)}\right]$$

は (2.6) の解でありその第 1 成分 $\dfrac{t^{\ell-1}}{(\ell - 1)!}e^{\lambda_j t}$ は (2.5) の解である. そしてそれらの 1 次結合が一般解となる. これは (1.5) と同じものである.

2.4　解の分類（$n = 2$ の場合）

ジョルダンの標準形と固有値の値によって解の様子がわかる.

$$\frac{d}{dt}\boldsymbol{x}(t) = A\boldsymbol{x}(t), \ A = \begin{bmatrix} a & b \\ c & d \end{bmatrix}$$

を考える. A の 2 つの固有値を λ_1, λ_2 とするとジョルダンの標準形は

1) $\lambda_1 \neq \lambda_2$ のときは

$$P^{-1}AP = \Lambda = \begin{bmatrix} \lambda_1 & 0 \\ 0 & \lambda_2 \end{bmatrix}$$

となり

2) $\lambda_1 = \lambda_2 = \lambda$ のときには

$$P^{-1}AP = \Lambda = \begin{bmatrix} \lambda & 0 \\ 0 & \lambda \end{bmatrix} \quad \text{または} \quad P^{-1}AP = \Lambda = \begin{bmatrix} \lambda & 1 \\ 0 & \lambda \end{bmatrix}$$

となる. そこで

$$\boldsymbol{x}(t) = P\boldsymbol{y}(t)$$

とおくと

$$P\frac{d\boldsymbol{y}(t)}{dt} = \frac{d(P\boldsymbol{y}(t))}{dt} = \frac{d\boldsymbol{x}(t)}{dt} = A\boldsymbol{x}(t) = AP\boldsymbol{y}(t)$$

より

$$\frac{d\boldsymbol{y}(t)}{dt} = P^{-1}AP\boldsymbol{y}(t) = \Lambda\boldsymbol{y}(t)$$

となり 1) の場合は

$$\begin{bmatrix} y_1(t) \\ y_2(t) \end{bmatrix} = \boldsymbol{y}(t) = e^{t\Lambda}\boldsymbol{c} = \begin{bmatrix} c_1 e^{\lambda_1 t} \\ c_2 e^{\lambda_2 t} \end{bmatrix}$$

2) の場合は

$$\boldsymbol{y}(t) = \begin{bmatrix} c_1 e^{\lambda t} \\ c_2 e^{\lambda t} \end{bmatrix} \quad \text{または} \quad \boldsymbol{y}(t) = e^{t\Lambda}\boldsymbol{c} = \begin{bmatrix} c_1 e^{\lambda t} + c_2 t e^{\lambda t} \\ c_2 e^{\lambda t} \end{bmatrix}$$

となる. A が実行列の場合には 1) を 2 つに分けて

1a) $\lambda_1, \lambda_2 \in \boldsymbol{R} \ ((\operatorname{Tr} A)^2 - 4|A| > 0)$

1b) $\lambda_1 = \alpha + i\beta$, $\lambda_2 = \bar{\lambda}_1 = \alpha - i\beta$, $\alpha, \beta \in \boldsymbol{R}$ $((\mathrm{Tr}\, A)^2 - 4|A| < 0)$
とする.

1b) のとき $\boldsymbol{u} = \boldsymbol{a} + i\boldsymbol{b}$ が $\lambda = \alpha + i\beta$ に対する固有ベクトルとすると, $\bar{\boldsymbol{u}} = \boldsymbol{a} - i\boldsymbol{b}$ は $\bar{\lambda}$ に対する固有ベクトルであるから $\bar{\boldsymbol{u}}$ と $\boldsymbol{u}$ は 1 次独立であり, したがって, $\boldsymbol{a}$ と $\boldsymbol{b}$ も 1 次独立である.

$$A(\boldsymbol{a} + i\boldsymbol{b}) = (\alpha + i\beta)(\boldsymbol{a} + i\boldsymbol{b}) = (\alpha\boldsymbol{a} - \beta\boldsymbol{b}) + i(\alpha\boldsymbol{b} + \beta\boldsymbol{a})$$

より

$$A[\boldsymbol{a}\ \boldsymbol{b}] = [\alpha\boldsymbol{a} - \beta\boldsymbol{b}\ \ \alpha\boldsymbol{b} + \beta\boldsymbol{a}] = [\boldsymbol{a}\ \boldsymbol{b}]\Lambda,$$

$$\Lambda = \begin{bmatrix} \alpha & \beta \\ -\beta & \alpha \end{bmatrix} = \alpha \begin{bmatrix} 1 & 0 \\ 0 & 1 \end{bmatrix} + \beta \begin{bmatrix} 0 & 1 \\ -1 & 0 \end{bmatrix} = \alpha E + \beta J$$

となるので, $P = [\boldsymbol{a}\ \boldsymbol{b}]$ とおくと $P^{-1}AP = \Lambda$ となる. また, $J^2 = -E$ なので $e^{it} = \cos t + i\sin t$ と同じく $e^{Jt} = E\cos t + J\sin t$ となる. このことより

$$e^{t\Lambda} = e^{t(\alpha E + \beta J)} = e^{\alpha t}e^{t\beta J} = e^{\alpha t}(E\cos\beta t + J\sin\beta t)$$

となり, 一般解は

$$\boldsymbol{y}(t) = e^{t\Lambda}\boldsymbol{c} = e^{\alpha t}\begin{bmatrix} c_1\cos\beta t + c_2\sin\beta t \\ c_2\cos\beta t - c_1\sin\beta t \end{bmatrix}$$

したがって,

$$\boldsymbol{x}(t) = P\boldsymbol{y}(t) = e^{\alpha t}(c_1\cos\beta t + c_2\sin\beta t)\boldsymbol{a} + e^{\alpha t}(c_2\cos\beta t - c_1\sin\beta t)\boldsymbol{b}$$

となる. これはまた次のようにしてもわかる.

$$\boldsymbol{x}(t) = e^{tA}\boldsymbol{u} = e^{\lambda t}\boldsymbol{u} = e^{\alpha t}(\cos\beta t + i\sin\beta t)(\boldsymbol{a} + i\boldsymbol{b})$$
$$= e^{\alpha t}[(\cos\beta t\boldsymbol{a} - \sin\beta t\boldsymbol{b}) + i(\cos\beta t\boldsymbol{b} + \sin\beta t\boldsymbol{a})]$$

より

$$\mathrm{Re}\,\boldsymbol{x}(t) = e^{\alpha t}(\cos\beta t\boldsymbol{a} - \sin\beta t\boldsymbol{b}),$$
$$\mathrm{Im}\,\boldsymbol{x}(t) = e^{\alpha t}(\cos\beta t\boldsymbol{b} + \sin\beta t\boldsymbol{a})$$

が微分方程式 $d\boldsymbol{x}(t)/dt = A\boldsymbol{x}(t)$ の 1 次独立な解になり, 一般解はこれらの 1 次結合になる.

さて, いろいろな λ について解の様子を調べてみよう.

1a) のときは $y_2(t) = cy_1(t)^{\lambda_2/\lambda_1}$ となるので λ_1 と λ_2 の大小関係によって図 2.1, 2.2, 2.3 のようになる. $\lambda_1, \lambda_2 > 0$ のとき原点を**不安定結節点**, $\lambda_1, \lambda_2 < 0$ のとき**安定結節点**, $\lambda_1 \cdot \lambda_2 < 0$ のとき**鞍点**という.

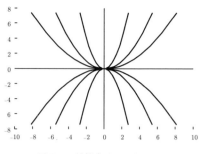

図 **2.1**　結節点 $\lambda_2 > \lambda_1 > 0$

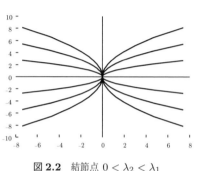

図 **2.2**　結節点 $0 < \lambda_2 < \lambda_1$

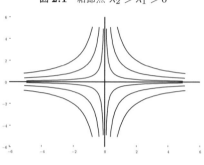

図 **2.3**　鞍点 $\lambda_1 \cdot \lambda_2 < 0$

1b) のときには

$$y_1(t)^2 + y_2(t)^2 = e^{2\alpha t}(c_1^2 + c_2^2)$$

となることから $\alpha = 0$ のときは円, $\alpha > 0$ のときは外向き, $\alpha < 0$ のときは内向きの螺旋で図 2.4 のようになる. 円のとき原点は**渦心点**, 螺旋のときは渦状点といわれ, $\alpha > 0$ のとき**不安定渦状点**, $\alpha < 0$ のとき**安定渦状点**といわれる. $\boldsymbol{x}(t) = P\boldsymbol{y}(t)$ の様子は少し変形されて図 2.5 のようになる.

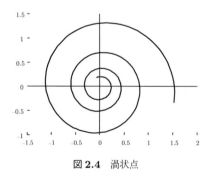

図 **2.4**　渦状点

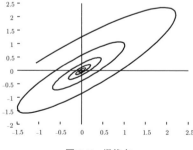

図 **2.5**　渦状点

2) のときには $y_2(t) = cy_1(t)$ また
は $y_1(t) = y_2(t)(c_1 + c_2 \log y_2(t))$
となって図 2.6 のようになる.

このように微分方程式を解かなく
とも, 行列 A の固有値さえわかれ
ば解の様子がわかる.

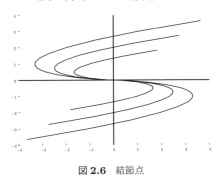

図 2.6 結節点

2.5 例 ($n = 2$ の場合)

例 2.6. $A = \begin{bmatrix} 2 & 2 \\ 3 & 1 \end{bmatrix}$ の固有値は 4 と -1 で対応する固有ベクトルは $\boldsymbol{u}_1 =$

$\begin{bmatrix} 1 \\ 1 \end{bmatrix}$ と $\boldsymbol{u}_2 = \begin{bmatrix} 2 \\ -3 \end{bmatrix}$ である. $P = \begin{bmatrix} 1 & 2 \\ 1 & -3 \end{bmatrix}$ とおけば $P^{-1}AP = \begin{bmatrix} 4 & 0 \\ 0 & -1 \end{bmatrix}$

となり $\dfrac{d\boldsymbol{x}(t)}{dt} = A\boldsymbol{x}(t)$ の一般解は

$$\boldsymbol{x}(t) = c_1 e^{4t} \boldsymbol{u}_1 + c_2 e^{-t} \boldsymbol{u}_2$$

である. しかし最初から $\boldsymbol{u}_1, \boldsymbol{u}_2$ を求めなくとも A の固有値が 4 と -1 であ
ることを知れば解の形は

$$\boldsymbol{x}(t) = e^{4t} \boldsymbol{u} + e^{-t} \boldsymbol{v}$$

の形をしているはずだからこれを直接方程式に代入して $\boldsymbol{u}$ と $\boldsymbol{v}$ を求めてもよ
い. 実際

$$4 e^{4t} \boldsymbol{u} - e^{-t} \boldsymbol{v} = e^{4t} A\boldsymbol{u} + e^{-t} A\boldsymbol{v}$$

より e^{4t} と e^{-t} の係数を比較して

$$4\boldsymbol{u} = A\boldsymbol{u}, \;\; -\boldsymbol{v} = A\boldsymbol{v}$$

が得られるが, これは $\boldsymbol{u}$ が固有値 1 の固有ベクトルであり $\boldsymbol{v}$ が固有値 -1 の
固有ベクトルであることを示している.

例 2.7. $A = \begin{bmatrix} 9 & 13 \\ -5 & -7 \end{bmatrix}$ の固有方程式は $\lambda^2 - 2\lambda + 2 = 0$ で固有値は $1 \pm i$

となるので解は図 2.5 の形をしていることがわかる. $1 + i$ に対する固有ベクトルは $\begin{bmatrix} 8+i \\ -5 \end{bmatrix} = \begin{bmatrix} 8 \\ -5 \end{bmatrix} + i \begin{bmatrix} 1 \\ 0 \end{bmatrix} = \boldsymbol{a} + i\boldsymbol{b}$ であり, $P = [\boldsymbol{a}\ \boldsymbol{b}]$ とおけば

$$P^{-1}AP = \Lambda = \begin{bmatrix} 1 & 1 \\ -1 & 1 \end{bmatrix} \tag{2.8}$$

となる. $\dfrac{d\boldsymbol{x}(t)}{dt} = A\boldsymbol{x}(t)$ の一般解は

$$\boldsymbol{x}(t) = c_1 e^t(\cos t\boldsymbol{a} - \sin t\boldsymbol{b}) + c_2 e^t(\cos t\boldsymbol{b} + \sin t\boldsymbol{a}) \tag{2.9}$$

である. 一般解を見つけるためには以下のようにしてもよい.

$$\boldsymbol{x}(t) = e^t \cos t\boldsymbol{u} + e^t \sin t\boldsymbol{v},\ \boldsymbol{u} = \begin{bmatrix} u_1 \\ u_2 \end{bmatrix},\ \boldsymbol{v} = \begin{bmatrix} v_1 \\ v_2 \end{bmatrix}$$

を方程式に代入して $\boldsymbol{u}$ と $\boldsymbol{v}$ を求めると,

$$(\cos t - \sin t)\boldsymbol{u} + (\sin t + \cos t)\boldsymbol{v} = \cos t A\boldsymbol{u} + \sin t A\boldsymbol{v}$$

より $\boldsymbol{u}$ と $\boldsymbol{v}$ は

$$\boldsymbol{v} = (A - E)\boldsymbol{u},\ -\boldsymbol{u} = (A - E)\boldsymbol{v} \tag{2.10}$$

を満たさねばならない. (2.8) により

$$(A - E)^2 = P(\Lambda - E)^2 P^{-1} = -PEP^{-1} = -E$$

となるので $\boldsymbol{u}$ を任意に定めて $\boldsymbol{v} = (A - E)\boldsymbol{u}$ によって $\boldsymbol{v}$ を定めれば

$$(A - E)\boldsymbol{v} = (A - E)^2\boldsymbol{u} = -\boldsymbol{u}$$

となって (2.10) を満たす. $\boldsymbol{u} = c_1\boldsymbol{a} + c_2\boldsymbol{b}$ とおけば $\boldsymbol{v} = (A - E)\boldsymbol{u} = c_2\boldsymbol{a} - c_1\boldsymbol{b}$ となって (2.9) が得られる.

例 2.8. $A = \begin{bmatrix} 3 & -1 \\ 1 & 1 \end{bmatrix}$ の固有値は 2 となるので 2 に対する固有ベクトルは $\boldsymbol{u}_1 = \begin{bmatrix} 1 \\ 1 \end{bmatrix}$ であり, $(A - 2E)\boldsymbol{u}_2 = \boldsymbol{u}_1$ となるベクトルは $\boldsymbol{u}_2 = \begin{bmatrix} 2 \\ 1 \end{bmatrix}$ であ

り, $\dfrac{d\boldsymbol{x}(t)}{dt} = A\boldsymbol{x}(t)$ の一般解は

$$\boldsymbol{x}(t) = c_1 e^{2t}\boldsymbol{u}_1 + c_2(e^{2t}\boldsymbol{u}_2 + te^{2t}\boldsymbol{u}_1)$$

であるが, 一般解を見つけるだけなら $\lambda = 2$ が重複度 2 の固有値だから解は

$$\boldsymbol{x}(t) = e^{2t}\boldsymbol{u} + te^{2t}\boldsymbol{v}$$

の形をしていることがわかっているので, これを方程式に代入して $\boldsymbol{u}$ と $\boldsymbol{v}$ を求めてもよい.

$$2e^{2t}\boldsymbol{u} + (e^{2t} + 2te^{2t})\boldsymbol{v} = e^{2t}A\boldsymbol{u} + te^{2t}A\boldsymbol{v}$$

より

$$\boldsymbol{v} = (A - 2E)\boldsymbol{u}, \; 2\boldsymbol{v} = A\boldsymbol{v}$$

が得られる. この連立方程式を解くと解として $\boldsymbol{u} = c_1\boldsymbol{u}_1 + c_2\boldsymbol{u}_2$, $\boldsymbol{v} = c_2\boldsymbol{u}_1$ が得られる. 一般解は

$$\boldsymbol{x}(t) = e^{2t}(c_1\boldsymbol{u}_1 + c_2\boldsymbol{u}_2) + te^{2t}c_2\boldsymbol{u}_1$$

となる.

注意 2.9. 例 2.7 は数式処理ソフトの Maxima を用いれば以下のように一般解と $x(0) = y(0) = 1$ なる初期条件を満たす解が得られる.

```
(%i1)  de_sys:['diff(x(t),t,1)=9*x(t)+13*y(t),
        'diff(y(t),t,1)=-5*x(t)-7*y(t)];
```
(%o1) $\left[\frac{d}{dt}x\left(t\right) = 13y\left(t\right) + 9x\left(t\right), \frac{d}{dt}y\left(t\right) = -7y\left(t\right) - 5x\left(t\right)\right]$

```
(%i2)  desolve(de_sys,[x(t),y(t)]);
```
(%o2) $\left[x\left(t\right) = \mathrm{e}^t\left(\frac{(2(13y(0)+7x(0))+2x(0))\sin(t)}{2} + x\left(0\right)\cos\left(t\right)\right),\right.$
$\left. y\left(t\right) = \mathrm{e}^t\left(\frac{(2y(0)+2(-9y(0)-5x(0)))\sin(t)}{2} + y\left(0\right)\cos\left(t\right)\right)\right]$

```
(%i3)  atvalue(x(t),t=0,1)$ atvalue(y(t),t=0,1)$
(%i5)  desolve(de_sys,[x(t),y(t)]);
```
(%o5) $\left[x\left(t\right) = \mathrm{e}^t\left(21\sin\left(t\right) + \cos\left(t\right)\right), y\left(t\right) = \mathrm{e}^t\left(\cos\left(t\right) - 13\sin\left(t\right)\right)\right]$

2.6 例 ($\boldsymbol{n = 3}$ の場合)

以下の例 2.10, 2.12 のように $N = A - \lambda E$ の階数が 2 のときには, まず固有ベクトル $\boldsymbol{u}_1$ を求め, 次に高さ 2 の一般固有ベクトル $\boldsymbol{u}_2$ を求め, 次には高さ 3 の一般固有ベクトルというように芋づる式に求めることができる.

$N = A - \lambda E$ の階数が 1 のときには，$(A - \lambda E)\boldsymbol{C}^3$ は 1 次元空間となるので，例 2.13 のように固有ベクトルと一般固有ベクトルの計算は簡単である．

例 2.10.
$$\frac{d}{dt}\boldsymbol{x}(t) = \begin{bmatrix} 0 & 1 & -1 \\ -2 & 3 & -1 \\ -1 & 1 & 1 \end{bmatrix} \boldsymbol{x}(t).$$

$|A - \lambda E| = -\lambda^3 + 4\lambda^2 - 5\lambda + 2 = -(\lambda - 1)^2(\lambda - 2) = 0$ より固有値は $\lambda = 1$ (2 重解) と $\lambda = 2$ である．$\boldsymbol{u}_2$ を $\lambda = 1$ に対する一般固有ベクトルとすると $(A - E)^2\boldsymbol{u}_2 = \boldsymbol{0}$ より $\boldsymbol{u}_1 = (A - E)\boldsymbol{u}_2$ は $(A - E)\boldsymbol{u}_1 = \boldsymbol{0}$ を満たす．行列

$$A - E = \begin{bmatrix} -1 & 1 & -1 \\ -2 & 2 & -1 \\ -1 & 1 & 0 \end{bmatrix}, \ A - 2E = \begin{bmatrix} -2 & 1 & -1 \\ -2 & 1 & -1 \\ -1 & 1 & -1 \end{bmatrix}$$

に対して，$A - E$ の階数を調べると 2 であることがわかる．したがって，$(A - E)\boldsymbol{u} = \boldsymbol{0}$ の解空間の次元は $3 - 2 = 1$ であり $(A - E)\boldsymbol{u}_1 = \boldsymbol{0}$ の解は定数倍を除いて一意的に決まる．一般固有ベクトル $\boldsymbol{u}_2$ も $(A - E)\boldsymbol{u}_2 = \boldsymbol{u}_1$ の解として固有ベクトルの差を除いて一意的に決まる．固有値 $\lambda = 2$ の重複度は 1 だから固有ベクトルは $(A - 2E)\boldsymbol{v} = \boldsymbol{0}$ の解として定数倍を除いて一意的に決まる．これらの解の 1 つは

$$\boldsymbol{u}_1 = \begin{bmatrix} 1 \\ 1 \\ 0 \end{bmatrix}, \ \boldsymbol{u}_2 = \begin{bmatrix} 0 \\ 0 \\ -1 \end{bmatrix}, \ \boldsymbol{v} = \begin{bmatrix} 0 \\ 1 \\ 1 \end{bmatrix}$$

で，$P = [\boldsymbol{u}_1 \ \boldsymbol{u}_2 \ \boldsymbol{v}]$ とすればジョルダン標準形は

$$P^{-1}AP = \begin{bmatrix} 1 & 1 & 0 \\ 0 & 1 & 0 \\ 0 & 0 & 2 \end{bmatrix}$$

となることがわかる．方程式の一般解は

$$\boldsymbol{x}_1(t) = e^{tA}\boldsymbol{u}_1 = e^t\boldsymbol{u}_1, \ \boldsymbol{x}_2(t) = e^{tA}\boldsymbol{u}_2 = e^t[\boldsymbol{u}_2 + t\boldsymbol{u}_1],$$
$$\boldsymbol{x}_3(t) = e^{tA}\boldsymbol{v} = e^{2t}\boldsymbol{v}$$

として，$\boldsymbol{x}(t) = c_1\boldsymbol{x}_1(t) + c_2\boldsymbol{x}_2(t) + c_3\boldsymbol{x}_3(t)$ である．

注意 **2.11.** 例 2.10 は Maxima を用いると次のように計算される.

```
(%i1) load("diag")$
(%i2) A:matrix([0,1,-1],[-2,3,-1],[-1,1,1]);
```
$$(\%o2) \quad \begin{pmatrix} 0 & 1 & -1 \\ -2 & 3 & -1 \\ -1 & 1 & 1 \end{pmatrix}$$
```
(%i3) J:jordan(A)$
(%i4) dispJordan(J);
```
$$(\%o4) \quad \begin{pmatrix} 2 & 0 & 0 \\ 0 & 1 & 1 \\ 0 & 0 & 1 \end{pmatrix}$$
```
(%i5) P:ModeMatrix(A,J);
```
$$(\%o5) \quad \begin{pmatrix} 0 & -1 & 0 \\ 1 & -1 & 0 \\ 1 & 0 & 1 \end{pmatrix}$$

ジョルダン標準形 J は例 2.10 のものとジョルダンブロックの順序が逆になっている. このようにジョルダン基底の選び方によってジョルダンブロックの順序が変わるが, 順序を除いてはジョルダン標準形は一意に決まる.

例 2.12.
$$\frac{d}{dt}\boldsymbol{x}(t) = \begin{bmatrix} 3 & 1 & -1 \\ -1 & 1 & 2 \\ 0 & 0 & 2 \end{bmatrix} \boldsymbol{x}(t).$$

$|A - \lambda E| = -(\lambda - 2)^3 = 0$ より固有値は $\lambda = 2$ (3 重解) である. 行列
$$A - 2E = \begin{bmatrix} 1 & 1 & -1 \\ -1 & -1 & 2 \\ 0 & 0 & 0 \end{bmatrix}$$

の階数を調べると 2 であることがわかるから $(A - 2E)\boldsymbol{u}_1 = \boldsymbol{0}$ の解空間の次元は 1 である.

$$\boldsymbol{u}_1 = \begin{bmatrix} 1 \\ -1 \\ 0 \end{bmatrix}, \ \boldsymbol{u}_2 = \begin{bmatrix} 0 \\ 1 \\ 0 \end{bmatrix}, \ \boldsymbol{u}_3 = \begin{bmatrix} 0 \\ 1 \\ 1 \end{bmatrix}$$

とすると，

$$(A - 2E)\boldsymbol{u}_1 = \boldsymbol{0}, \ (A - 2E)\boldsymbol{u}_2 = \boldsymbol{u}_1, \ (A - 2E)\boldsymbol{u}_3 = \boldsymbol{u}_2 \tag{2.11}$$

となり，$P = [\boldsymbol{u}_1 \ \boldsymbol{u}_2 \ \boldsymbol{u}_3]$ とすればジョルダン標準形は

$$P^{-1}AP - \begin{bmatrix} 2 & 1 & 0 \\ 0 & 2 & 1 \\ 0 & 0 & 2 \end{bmatrix}$$

となることがわかる．方程式の一般解は

$$\boldsymbol{x}_1(t) = e^{2t}\boldsymbol{u}_1, \ \boldsymbol{x}_2(t) = e^{2t}[\boldsymbol{u}_2 + t\boldsymbol{u}_1], \ \boldsymbol{x}_3(t) = e^{2t}[\boldsymbol{u}_3 + t\boldsymbol{u}_2 + \frac{1}{2}t^2\boldsymbol{u}_1]$$

として，$\boldsymbol{x}(t) = c_1\boldsymbol{x}_1(t) + c_2\boldsymbol{x}_2(t) + c_3\boldsymbol{x}_3(t)$ である．

例 2.13.
$$\frac{d}{dt}\boldsymbol{x}(t) = \begin{bmatrix} 0 & 2 & 1 \\ -4 & 6 & 2 \\ 4 & -4 & 0 \end{bmatrix}\boldsymbol{x}(t).$$

$|A - \lambda E| = -(\lambda - 2)^3 = 0$ より固有値は $\lambda = 2$ (3 重解) である．行列

$$A - 2E = \begin{bmatrix} -2 & 2 & 1 \\ -4 & 4 & 2 \\ 4 & -4 & -2 \end{bmatrix}$$

の階数を調べると 1 であるから例 2.10，2.12 の方法は使えないが，$(A-2E)\boldsymbol{C}^3$ は 1 次元空間となるので計算は簡単になる．

$$\boldsymbol{u} = \begin{bmatrix} x \\ y \\ z \end{bmatrix} \quad \text{とおくと} \quad (A - 2E)\boldsymbol{u} = (-2x + 2y + z)\begin{bmatrix} 1 \\ 2 \\ -2 \end{bmatrix}$$

となるので

$$\boldsymbol{u}_1 = \begin{bmatrix} 1 \\ 2 \\ -2 \end{bmatrix}, \ \boldsymbol{u}_2 = \begin{bmatrix} 0 \\ 0 \\ 1 \end{bmatrix}, \ \boldsymbol{u}_3 = \begin{bmatrix} 1 \\ 1 \\ 0 \end{bmatrix}$$

とすると，

$$(A - 2E)\boldsymbol{u}_1 = \boldsymbol{0}, \ (A - 2E)\boldsymbol{u}_2 = \boldsymbol{u}_1, \ (A - 2E)\boldsymbol{u}_3 = \boldsymbol{0}$$

となることはすぐわかる．$P = [\boldsymbol{u}_1 \ \boldsymbol{u}_2 \ \boldsymbol{u}_3]$ とすればジョルダン標準形は

$$P^{-1}AP = \begin{bmatrix} 2 & 1 & 0 \\ 0 & 2 & 0 \\ 0 & 0 & 2 \end{bmatrix}$$

となる．方程式の一般解は

$$\boldsymbol{x}_1(t) = e^{2t}\boldsymbol{u}_1, \ \boldsymbol{x}_2(t) = e^{2t}[\boldsymbol{u}_2 + t\boldsymbol{u}_1], \ \boldsymbol{x}_3(t) = e^{2t}\boldsymbol{u}_3$$

として，$\boldsymbol{x}(t) = c_1\boldsymbol{x}_1(t) + c_2\boldsymbol{x}_2(t) + c_3\boldsymbol{x}_3(t)$ である．

問題 2.6. 次の方程式の一般解を求めよ．

$$\frac{d}{dt}\boldsymbol{x}(t) = \begin{bmatrix} -5 & -2 & 2 \\ 9 & 4 & -3 \\ -12 & -4 & 5 \end{bmatrix} \boldsymbol{x}(t)$$

例 2.14. $\qquad \dfrac{d}{dt}\boldsymbol{x}(t) = \begin{bmatrix} 0 & 2 & 0 \\ 0 & 0 & 2 \\ -1 & 1 & 0 \end{bmatrix} \boldsymbol{x}(t).$

$|A - \lambda E| = -\lambda^3 + 2\lambda - 4 = 0$ より固有値は $\lambda = -2$ と $\lambda = 1 \pm i$ である．
行列

$$A + 2E = \begin{bmatrix} 2 & 2 & 0 \\ 0 & 2 & 2 \\ -1 & 1 & 2 \end{bmatrix}, \ A - (1+i)E = \begin{bmatrix} -1-i & 2 & 0 \\ 0 & -1-i & 2 \\ -1 & 1 & -1-i \end{bmatrix}$$

に対し，$(A + 2E)\boldsymbol{u} = \boldsymbol{0}$, $(A - (1+i)E)\boldsymbol{v} = \boldsymbol{0}$ の解は

$$\boldsymbol{u} = \begin{bmatrix} 1 \\ -1 \\ 1 \end{bmatrix}, \ \boldsymbol{v} = \begin{bmatrix} 2-2i \\ 2 \\ 1+i \end{bmatrix} \quad \text{である．} \quad \boldsymbol{a} = \begin{bmatrix} 2 \\ 2 \\ 1 \end{bmatrix}, \ \boldsymbol{b} = \begin{bmatrix} -2 \\ 0 \\ 1 \end{bmatrix}$$

として $P = [\boldsymbol{u} \ \boldsymbol{a} \ \boldsymbol{b}]$ とすれば

$$P^{-1}AP = \begin{bmatrix} -2 & 0 & 0 \\ 0 & 1 & 1 \\ 0 & -1 & 1 \end{bmatrix}$$

となることがわかる．方程式の一般解は

$$\boldsymbol{x}_1(t) = e^{-2t}\boldsymbol{u}, \ \boldsymbol{x}_2(t) = e^t(\cos t\boldsymbol{a} - \sin t\boldsymbol{b}), \ \boldsymbol{x}_3(t) = e^t(\cos t\boldsymbol{b} + \sin t\boldsymbol{a})$$

として，$\boldsymbol{x}(t) = c_1\boldsymbol{x}_1(t) + c_2\boldsymbol{x}_2(t) + c_3\boldsymbol{x}_3(t)$ である．$c_2\boldsymbol{x}_2(t) + c_3\boldsymbol{x}_3(t)$ の部分は式 (2.9) と同じ形で

あるので $\boldsymbol{a}$ と $\boldsymbol{b}$ で張られる平面への解曲線の射影は図 2.5 の形をしており，$c_1\boldsymbol{x}_1(t)$ の部分は単純であるので解曲線が図 2.7 のような形をしていることは容易に想像できる．

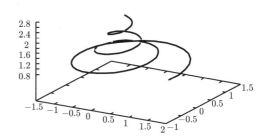

図 2.7 解曲線

注意 2.15. この方程式も Maxima は以下のようにたちどころに一般解を書き下す．

(%i1) de_sys:['diff(x(t),t,1)=2*y(t),'diff(y(t),t,1)=2*z(t),
      'diff(z(t),t,1)=-x(t)+y(t)];

(%o1) $\left[\frac{d}{dt}x(t) = 2y(t), \frac{d}{dt}y(t) = 2z(t), \frac{d}{dt}z(t) = y(t) - x(t)\right]$

(%i2) desolve(de_sys,[x(t),y(t),z(t)]);

(%o2)
$$\left[x(t) = e^t\left(\frac{\left(\frac{2(8z(0)+2y(0)-6x(0))}{5} - \frac{2(2z(0)-2y(0)-4x(0))}{5}\right)\sin(t)}{2}\right.\right.$$
$$\left. - \frac{(2z(0)-2y(0)-4x(0))\cos(t)}{5}\right) + \frac{(2z(0)-2y(0)+x(0))e^{-2t}}{5},$$

$$y(t) = e^t\left(\frac{\left(\frac{2(2z(0)+3y(0)+x(0))}{5} + \frac{2(2z(0)-2y(0)-4x(0))}{5}\right)\sin(t)}{2}\right.$$
$$\left. + \frac{(2z(0)+3y(0)+x(0))\cos(t)}{5}\right) - \frac{(2z(0)-2y(0)+x(0))e^{-2t}}{5},$$

$$z(t) = e^t\left(\frac{\left(\frac{2(3z(0)+2y(0)-x(0))}{5} - \frac{2(2z(0)+3y(0)+x(0))}{5}\right)\sin(t)}{2}\right.$$
$$\left.\left. + \frac{(3z(0)+2y(0)-x(0))\cos(t)}{5}\right) + \frac{(2z(0)-2y(0)+x(0))e^{-2t}}{5}\right]$$

しかしこれを見て解の形が想像できるだろうか．これよりもむしろ固有値 $\lambda = -2, 1 \pm i$ を知る方が解の形が想像できるのではないだろうか．

注意 2.16. 例 2.10 の方程式を解くのに次のような方法もある．$|A - \lambda E| = -\lambda^3 + 4\lambda^2 - 5\lambda + 2 = -(\lambda - 1)^2(\lambda - 2) = 0$ より固有値は $\lambda = 1$ (2 重解) と $\lambda = 2$ である．したがって，一般解は

$$\boldsymbol{x}(t) = e^t\boldsymbol{u} + te^t\boldsymbol{v} + e^{2t}\boldsymbol{w}$$

なる形をしているはずである. これを方程式に代入すると

$$e^t \boldsymbol{u} + (e^t + t e^t)\boldsymbol{v} + 2e^{2t}\boldsymbol{w} = e^t A\boldsymbol{u} + t e^t A\boldsymbol{v} + e^{2t} A\boldsymbol{w}$$

となり, $e^t, t e^t, e^{2t}$ の係数を比較して

$$\boldsymbol{v} = (A - E)\boldsymbol{u}, \ \boldsymbol{v} = A\boldsymbol{v}, \ 2\boldsymbol{w} = A\boldsymbol{w}$$

が得られる. これらを満足するベクトルは

$$\boldsymbol{u}_1 = \begin{bmatrix} 1 \\ 1 \\ 0 \end{bmatrix}, \ \boldsymbol{u}_2 = \begin{bmatrix} 0 \\ 0 \\ -1 \end{bmatrix}, \ \boldsymbol{u}_3 = \begin{bmatrix} 0 \\ 1 \\ 1 \end{bmatrix}$$

として, $\boldsymbol{v} = c_1\boldsymbol{u}_1, \ \boldsymbol{w} = c_3\boldsymbol{u}_3, \ \boldsymbol{u} = c_1\boldsymbol{u}_2 + c_2\boldsymbol{u}_1$ となることがわかる. 方程式の一般解は

$$e^t(c_1\boldsymbol{u}_2 + c_2\boldsymbol{u}_1) + t e^t c_1\boldsymbol{u}_1 + e^{2t} c_3\boldsymbol{u}_3$$

となって例 2.10 と同じになる.

2.7 非同次方程式

$$\frac{d}{dt}\boldsymbol{x}(t) = A\boldsymbol{x}(t) + \boldsymbol{b}(t) \tag{2.12}$$

に対しては両辺に e^{-tA} を掛けて

$$e^{-tA}\frac{d}{dt}\boldsymbol{x}(t) - e^{-tA}A\boldsymbol{x}(t) = e^{-tA}\boldsymbol{b}(t)$$

となり, この左辺は $\frac{d}{dt}\{e^{-tA}\boldsymbol{x}(t)\}$ に等しいから

$$\frac{d}{dt}\{e^{-tA}\boldsymbol{x}(t)\} = e^{-tA}\boldsymbol{b}(t),$$

$$e^{-tA}\boldsymbol{x}(t) - \boldsymbol{x}(0) = \int_0^t e^{-\tau A}\boldsymbol{b}(\tau)\,d\tau$$

より,

$$\boldsymbol{x}(t) = e^{tA}\left[\int_0^t e^{-\tau A}\boldsymbol{b}(\tau)\,d\tau + \boldsymbol{c}\right] \tag{2.13}$$

が初期条件 $\boldsymbol{x}(0) = \boldsymbol{c}$ を満足する解である.

演算子法は連立方程式に対しても有効である. (2.12) を演算子法で解くと,

$$s\boldsymbol{x} - \boldsymbol{x}(0) = A\boldsymbol{x} + \boldsymbol{b}$$

より,

$$(sE - A)\boldsymbol{x} = \boldsymbol{x}(0) + \boldsymbol{b}$$

となる. 定理 1.24 の

$$\frac{1}{s - \alpha} = \{e^{\alpha t}\}$$

の類推より

$$(sE - A)^{-1} = \{e^{tA}\}$$

となることが予想される. もしそうなるならば $\boldsymbol{c} = \boldsymbol{x}(0)$ として,

$$\boldsymbol{x} = \{e^{tA}\}(\boldsymbol{c} + \boldsymbol{b}) = \left\{e^{tA}\boldsymbol{c} + \int_0^t e^{(t-\tau)A}\boldsymbol{b}(\tau)\,d\tau\right\}$$

となって, これは (2.13) に等しいことがわかる.

定理 2.17.　　　　　　　$(sE - A)^{-1} = \{e^{tA}\}$

証明.　定理 1.17 とまったく同じである. $\{E\} = h \cdot E$ (注意 1.16) に注意して

$$\{e^{tA}\} = \left\{\int_0^t \frac{d}{d\tau}e^{\tau A}\,d\tau\right\} + \{E\} = h \cdot \left\{\frac{d}{dt}e^{tA}\right\} + h \cdot E$$

の両辺に s を掛けると

$$s\{e^{tA}\} = \left\{\frac{d}{dt}e^{tA}\right\} + E = A\{e^{tA}\} + E, \quad (sE - A)\{e^{tA}\} = E$$

となり $(sE - A)^{-1} = \{e^{tA}\}$ が得られる.　　　　　　　　　　□

　高階方程式 $P(D)y(t) = R(t)$ は (2.6) と同様に連立 1 階方程式 $d\boldsymbol{x}(t)/dt = A\boldsymbol{x}(t) + \boldsymbol{b}(t)$ に書き直すことができ, その解の第 1 成分がもとの高階方程式の解になるのであった.

$$\boldsymbol{x}(t) = \int_0^t e^{(t-\tau)A}\boldsymbol{b}(\tau)\,d\tau, \ \boldsymbol{b}(t) = \begin{bmatrix} 0 \\ \vdots \\ 0 \\ R(t) \end{bmatrix}$$

の第 1 成分 $x_1(t)$ は $e^{(t-\tau)A}$ の $(1, n)$ 成分を $g(t - \tau)$ とすれば

$$x_1(t) = \int_0^t g(t - \tau)R(\tau)\,d\tau \tag{2.14}$$

と書ける. $g(t-\tau)$ がインパルス応答である. これに関連して $(sE-A)^{-1}$ の $(1,n)$ 成分は, $sE-A$ の $(n,1)$ 余因子を B とすれば $B|sE-A|^{-1}$ である.

$$B = (-1)^{n+1} \begin{vmatrix} -1 & & & O \\ s & -1 & & \\ & \ddots & \ddots & \\ O & & s & -1 \end{vmatrix} = (-1)^{n+1}(-1)^{n-1} = 1,$$

$$B|sE-A|^{-1} = P(s)^{-1}$$

となるので $\{g(t)\} = 1/P(s)$ となる. したがって, (2.14) は (1.23) の線形結合であり 1.8 節と同じ結果を得る.

例 2.18. $\boldsymbol{b}(t) = t^m \boldsymbol{u}$ $(\boldsymbol{u} \in \boldsymbol{C}^n)$ のとき. A^{-1} が存在すれば

$$\frac{d}{dt}\boldsymbol{x}(t) = A\boldsymbol{x}(t) + \boldsymbol{b}(t)$$

は $D = \dfrac{d}{dt} = E\dfrac{d}{dt}$ とおくと $(D-A)\,\boldsymbol{x}(t) = \boldsymbol{b}(t)$ より

$$(E - A^{-1}D)(-A)\boldsymbol{x}(t) = \boldsymbol{b}(t)$$

となって

$$\boldsymbol{x}(t) = (-A)^{-1}\left(E - A^{-1}D\right)^{-1}\boldsymbol{b}(t)$$

$$= -\sum_{r=0}^{m} A^{-r-1}D^r\boldsymbol{b}(t) = \boldsymbol{a}_0 + \boldsymbol{a}_1 t + \ldots + \boldsymbol{a}_m t^m \qquad (2.15)$$

となる. A^{-1} が存在しないとき, つまり 0 が A の固有値のときを考える. $\boldsymbol{u}$ が固有値 0 に対する高さ r の一般固有ベクトルとすると, $\boldsymbol{u}_j = A^j\boldsymbol{u}$ は高さ $r-j$ の一般固有ベクトルである.

$$\boldsymbol{x}_0(t) = \frac{t^{m+1}}{m+1}\boldsymbol{u}$$

とおくと

$$(D-A)\boldsymbol{x}_0(t) = \boldsymbol{b}(t) - \frac{t^{m+1}}{m+1}\boldsymbol{u}_1$$

となる. そこで

$$\boldsymbol{x}_j(t) = \frac{t^{m+j+1}}{(m+1)(m+2)\ldots(m+j+1)}\boldsymbol{u}_j, \ (j=1,\ldots,r)$$

とおくと $1 \leq j \leq r-1$ に対して

$$(D - A)\boldsymbol{x}_j(t) = \frac{t^{m+j}}{(m + 1)(m + 2)\dots(m + j)}\boldsymbol{u}_j$$
$$- \frac{t^{m+j+1}}{(m + 1)(m + 2)\dots(m + j + 1)}\boldsymbol{u}_{j+1},$$

また $A^r\boldsymbol{u} = 0$ だから

$$(D - A)\boldsymbol{x}_{r-1}(t) = \frac{t^{m+r-1}}{(m + 1)(m + 2)\dots(m + r - 1)}\boldsymbol{u}_{r-1}$$

となる. そこで

$$\boldsymbol{x}(t) = \sum_{k=0}^{r-1} \boldsymbol{x}_k(t)$$

とおけば

$$(D - A)\boldsymbol{x}(t) = \boldsymbol{b}(t)$$

となる. $\boldsymbol{u}$ が 0 以外の固有値 λ に対する一般固有ベクトルであるとすると,

$$A^{-1}\boldsymbol{u} = (\lambda E - (\lambda E - A))^{-1}\boldsymbol{u} = \lambda^{-1} \sum_{k=0}^{r} \lambda^{-k}(\lambda E - A)^k\boldsymbol{u} \qquad (2.16)$$

によって $A^{-1}\boldsymbol{u}$ が定義されることに注意すれば, A^{-1} が存在するときと同じことになる. 結局 $\boldsymbol{u}$ が何であっても 0 が A の固有値のときには解 $\boldsymbol{x}(t)$ は固有値 0 の重複度を r として

$$\boldsymbol{x}(t) = \boldsymbol{a}_0 + \boldsymbol{a}_1 t + \dots + \boldsymbol{a}_{m+r} t^{m+r} \qquad (2.17)$$

なる形をとる. 実際に未定係数 $\boldsymbol{a}_0, \boldsymbol{a}_1, \dots, \boldsymbol{a}_{m+r}$ を求めるには $\boldsymbol{x}(t)$ を方程式 (2.12) に代入して決めればよい.

問題 2.7. A の固有値 λ に対する固有ベクトルを $\boldsymbol{u}$ とし $\boldsymbol{b}(t) = t^m \boldsymbol{u}$ とする. 方程式 $d\boldsymbol{x}(t)/dt = A\boldsymbol{x}(t) + \boldsymbol{b}(t)$ の解を 1 つ求めよ.

定理 2.19. $\boldsymbol{b}(t) = t^m e^{\alpha t}\boldsymbol{u}$ $(\boldsymbol{u} \in \boldsymbol{C}^n)$ のときは, α が A の固有値でなければ

$$\boldsymbol{x}(t) = e^{\alpha t}(\boldsymbol{a}_0 + \boldsymbol{a}_1 t + \dots + \boldsymbol{a}_m t^m)$$

の形, α が A の重複度 r の固有値ならば

$$\boldsymbol{x}(t) = e^{\alpha t}(\boldsymbol{a}_0 + \boldsymbol{a}_1 t + \dots + \boldsymbol{a}_{m+r} t^{m+r})$$

の形をとる.

証明. 単独方程式のときと同じように

$$t^m e^{\alpha t} \boldsymbol{u} = (D - A)[e^{\alpha t} e^{-\alpha t} \boldsymbol{x}(t)]$$

$$= e^{\alpha t}(D + \alpha E - A)[e^{-\alpha t} \boldsymbol{x}(t)] = e^{\alpha t}(D - (A - \alpha E))[e^{-\alpha t} \boldsymbol{x}(t)]$$

となって, α が A の固有値でないときには $e^{-\alpha t} \boldsymbol{x}(t)$ は (2.15) の形, α が A の固有値のときには (2.17) の形となる.　　　□

例 2.20. 連立方程式

$$\frac{dx_1(t)}{dt} = \alpha x_1(t) + \beta x_2(t) + \beta e^{\alpha t}, \ \frac{dx_2(t)}{dt} = -\beta x_1(t) + \alpha x_2(t)$$

を演算子法を用いて初期条件 $x_1(0) = 0$, $x_2(0) = 1$ のもとで解く.

$$s x_1 = \alpha x_1 + \beta x_2 + \frac{\beta}{s - \alpha}, \ s x_2 = -\beta x_1 + \alpha x_2 + 1 \qquad (2.18)$$

を普通の連立方程式と思って解くと

$$x_1 = \frac{2\beta}{(s-\alpha)^2 + \beta^2}, \ x_2 = \frac{(s-\alpha)^2 - \beta^2}{(s-\alpha)[(s-\alpha)^2 + \beta^2]}$$

となる. これより

$$\frac{2\beta}{(s-\alpha)^2 + \beta^2} = \frac{1}{i}\left[\frac{1}{s - \alpha - i\beta} - \frac{1}{s - \alpha + i\beta}\right]$$

$$= \left\{\frac{1}{i}[e^{(\alpha+i\beta)t} - e^{(\alpha-i\beta)t}]\right\} = \left\{2e^{\alpha t}\sin\beta t\right\},$$

$$\frac{(s-\alpha)^2 - \beta^2}{(s-\alpha)[(s-\alpha)^2 + \beta^2]} = \frac{1}{s - \alpha - i\beta} + \frac{1}{s - \alpha + i\beta} - \frac{1}{s - \alpha}$$

$$= \left\{e^{(\alpha+i\beta)t} + e^{(\alpha-i\beta)t} - e^{\alpha t}\right\} = \left\{e^{\alpha t}(2\cos\beta t - 1)\right\},$$

$$x_1(t) = 2e^{\alpha t}\sin\beta t, \ x_2(t) = e^{\alpha t}(2\cos\beta t - 1)$$

となる.

注意 2.21. 例 2.20 の方程式は

$$\frac{d\boldsymbol{x}(t)}{dt} = A\boldsymbol{x}(t) + \boldsymbol{b}(t), \ A = \begin{bmatrix} \alpha & \beta \\ -\beta & \alpha \end{bmatrix}, \ \boldsymbol{b}(t) = \begin{bmatrix} \beta e^{\alpha t} \\ 0 \end{bmatrix}$$

となる. 公式 (2.13) を用いるためにはまず e^{tA} を求めなければならない.

$$e^{tA} = e^{\alpha t}\begin{bmatrix} \cos\beta t & \sin\beta t \\ -\sin\beta t & \cos\beta t \end{bmatrix}$$

だから

$$e^{tA} \int_0^t e^{-\tau A} \boldsymbol{b}(\tau) \, d\tau = e^{tA} \begin{bmatrix} \sin \beta t \\ 1 - \cos \beta t \end{bmatrix} = e^{\alpha t} \begin{bmatrix} \sin \beta t \\ \cos \beta t - 1 \end{bmatrix}$$

となり

$$e^{tA} \begin{bmatrix} x_1(0) \\ x_2(0) \end{bmatrix} = e^{tA} \begin{bmatrix} 0 \\ 1 \end{bmatrix} = e^{\alpha t} \begin{bmatrix} \sin \beta t \\ \cos \beta t \end{bmatrix}$$

となることより解が得られる.

　e^{tA} を求めて積分を計算するよりも演算子法を用いて (2.18) を解くことの方がやさしいことが多い. (2.18) を解くことと $(sE - A)^{-1}$ を求めるのは同じようなものである.

2.8　応用例

例 2.22.　磁場 $\boldsymbol{B}$ の中に置かれた質量 m, 電荷 q の荷電粒子の運動は方程式

$$m \frac{d^2 \boldsymbol{x}(t)}{dt^2} = q \frac{d\boldsymbol{x}(t)}{dt} \times \boldsymbol{B}$$

で与えられる. $\boldsymbol{v}(t) = d\boldsymbol{x}(t)/dt$, $\boldsymbol{\omega} = q\boldsymbol{B}/m$ とおくと

$$\frac{d\boldsymbol{v}(t)}{dt} = \boldsymbol{v}(t) \times \boldsymbol{\omega}$$

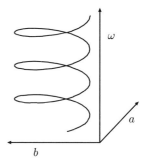

図 2.8　磁場内の荷電粒子の運動

となり

$$\boldsymbol{v} \times \boldsymbol{\omega} = -\boldsymbol{\omega} \times \boldsymbol{v} = \Omega \boldsymbol{v}, \ \Omega = \begin{bmatrix} 0 & \omega_3 & -\omega_2 \\ -\omega_3 & 0 & \omega_1 \\ \omega_2 & -\omega_1 & 0 \end{bmatrix}$$

となる. $\boldsymbol{\omega} \times \boldsymbol{\omega} = \boldsymbol{0}$ より $\boldsymbol{\omega}$ は Ω の固有値 0 に対応する固有ベクトルである. $\boldsymbol{a} \neq \boldsymbol{0}$ を $\boldsymbol{a} \cdot \boldsymbol{\omega} = 0$ なるベクトルで, $\boldsymbol{b} = -\boldsymbol{a} \times \boldsymbol{\omega}/|\boldsymbol{\omega}|$ とする (図 2.8 参照). このとき $\boldsymbol{b} \times \boldsymbol{\omega} = |\boldsymbol{\omega}|\boldsymbol{a}$ となるので $P = [\boldsymbol{\omega} \ \boldsymbol{a} \ \boldsymbol{b}]$ とおくと

$$P^{-1}\Omega P = \Lambda = \begin{bmatrix} 0 & 0 & 0 \\ 0 & 0 & \omega \\ 0 & -\omega & 0 \end{bmatrix}, \ \omega = |\boldsymbol{\omega}|$$

となる．したがって，

$$\frac{du_1(t)}{dt} = 0, \quad \frac{d}{dt}\begin{bmatrix} u_2(t) \\ u_3(t) \end{bmatrix} = \begin{bmatrix} 0 & \omega \\ -\omega & 0 \end{bmatrix}\begin{bmatrix} u_2(t) \\ u_3(t) \end{bmatrix}$$

より

$$u_1(t) = c_1, \quad \begin{bmatrix} u_2(t) \\ u_3(t) \end{bmatrix} = \cos\omega t \begin{bmatrix} c_2 \\ c_3 \end{bmatrix} + \sin\omega t \begin{bmatrix} c_3 \\ -c_2 \end{bmatrix}$$

となって

$$\boldsymbol{v}(t) = P\boldsymbol{u}(t) = c_1\boldsymbol{\omega} + \cos\omega t(c_2\boldsymbol{a} + c_3\boldsymbol{b}) + \sin\omega t(c_3\boldsymbol{a} - c_2\boldsymbol{b})$$

となる．これを積分して

$$\boldsymbol{x}(t) = c_1\boldsymbol{\omega}t + \frac{\sin\omega t}{\omega}(c_2\boldsymbol{a} + c_3\boldsymbol{b}) - \frac{\cos\omega t}{\omega}(c_3\boldsymbol{a} - c_2\boldsymbol{b}) + \boldsymbol{d}$$

となり，一様な磁場 $\boldsymbol{B}$ 内の荷電粒子の運動は $\boldsymbol{B}$ の方向には等速運動であり $\boldsymbol{B}$ に垂直な平面への射影は円運動であることがわかる．

例 2.23. 例2.22にさらに電場 $\boldsymbol{E}$ が加わったときには荷電粒子の運動は方程式

$$m\frac{d^2\boldsymbol{x}(t)}{dt^2} = q\frac{d\boldsymbol{x}(t)}{dt} \times \boldsymbol{B} + q\boldsymbol{E}$$

となる．$\boldsymbol{g} = q\boldsymbol{E}/m$ とおくと

$$\frac{d\boldsymbol{v}(t)}{dt} = \boldsymbol{v}(t) \times \boldsymbol{\omega} + \boldsymbol{g}$$

となる．Ω の固有値0の重複度は1だから例2.18より $\boldsymbol{v}(t) = \boldsymbol{e} + t\boldsymbol{f}$ とおいて方程式に代入して $\boldsymbol{e}, \boldsymbol{f}$ を決めればよい．これを実行すると

$$\boldsymbol{f} = \boldsymbol{e} \times \boldsymbol{\omega} + t\boldsymbol{f} \times \boldsymbol{\omega} + \boldsymbol{g}$$

となって

$$\boldsymbol{f} \times \boldsymbol{\omega} = 0, \quad \boldsymbol{f} = \boldsymbol{e} \times \boldsymbol{\omega} + \boldsymbol{g}$$

が得られる．第1式より $\boldsymbol{f} = \alpha\boldsymbol{\omega}$ なる形をしていることがわかるのでこれを第2式に代入し $\boldsymbol{\omega}$ との内積をとると $\alpha = (\boldsymbol{g}\cdot\boldsymbol{\omega})/\omega^2$ となる．また $\boldsymbol{e} = \boldsymbol{e}_0$ が $\boldsymbol{f} = \boldsymbol{e} \times \boldsymbol{\omega} + \boldsymbol{g}$ の解ならば $\boldsymbol{e} = \boldsymbol{e}_0 + \beta\boldsymbol{\omega}$ も解であるので $\boldsymbol{e}\cdot\boldsymbol{\omega} = 0$ なる解 $\boldsymbol{e}$ を求めることにしよう．このとき $\boldsymbol{e} = -(\boldsymbol{e} \times \boldsymbol{\omega}) \times \boldsymbol{\omega}/\omega^2$ より $\boldsymbol{e}$ を求めることができて

$$\boldsymbol{f} = \frac{\boldsymbol{\omega}(\boldsymbol{g}\cdot\boldsymbol{\omega})}{\omega^2} = \frac{q\boldsymbol{E}_L}{m}, \quad \boldsymbol{e} = \frac{\boldsymbol{g} \times \boldsymbol{\omega}}{\omega^2} = \frac{q\boldsymbol{E}_T \times \boldsymbol{B}}{|\boldsymbol{B}|^2}, \quad \boldsymbol{E}_T = \boldsymbol{E} - \boldsymbol{E}_L$$

が求めるものである. E_L は E の B 方向の成分で E_T は E の B に垂直な成分である. これを積分して

$$\boldsymbol{x}(t) = \frac{\boldsymbol{E}_T \times \boldsymbol{B}}{|\boldsymbol{B}|^2}t + \frac{1}{2}\frac{q\boldsymbol{E}_L}{m}t^2$$

となる. これを見ると $\boldsymbol{E}_L = \boldsymbol{0}$ のとき, つまり電場 $\boldsymbol{E}$ と磁場 $\boldsymbol{B}$ が垂直なときは, この電磁場の中に速度 $\boldsymbol{v}_T = \boldsymbol{E}_T \times \boldsymbol{B}/|\boldsymbol{B}|^2$ で投入された荷電粒子は電場も磁場もなかったように素通りする. この性質を用いてある特定の速さをもつ粒子を選び出すことができる.

例 2.24. 方程式

$$\frac{d^2x_i(t)}{dt^2} + \sum_{j=1}^{n}k_{ij}x_j(t) = 0, \ (i=1,\dots,n), \ K_{ij} = K_{ji}$$

はベクトル表示で

$$\frac{d^2\boldsymbol{x}(t)}{dt^2} + K\boldsymbol{x}(t) = \boldsymbol{0}, \ K = {}^tK$$

と書ける. 対称行列 K は対角化できるので

$$P^{-1}KP = \Lambda = \begin{bmatrix} \lambda_1 & & & O \\ & \lambda_2 & & \\ & & \ddots & \\ O & & & \lambda_n \end{bmatrix}$$

とする. $\boldsymbol{x}(t) = P\boldsymbol{y}(t)$ とおけば

$$\frac{d^2\boldsymbol{y}(t)}{dt^2} + \Lambda\boldsymbol{y}(t) = \boldsymbol{0}$$

となって簡単に解けて, 解の様子がわかる. 図 2.9 のようなおもりとバネの系は方程式

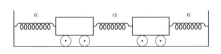

図 2.9 おもりとバネの系

$$\frac{d^2x_1(t)}{dt^2} + \kappa x_1(t) = \alpha(x_2(t) - x_1(t)),$$

$$\frac{d^2x_2(t)}{dt^2} + \kappa x_2(t) = \alpha(x_1(t) - x_2(t)),$$

$(\kappa, \alpha > 0)$ で表されベクトル表記で

$$\frac{d^2\boldsymbol{x}(t)}{dt^2} + K\boldsymbol{x}(t) = \boldsymbol{0}, \ K = \begin{bmatrix} \kappa + \alpha & -\alpha \\ -\alpha & \kappa + \alpha \end{bmatrix}$$

と表され

$$P = \frac{1}{\sqrt{2}} \begin{bmatrix} 1 & 1 \\ 1 & -1 \end{bmatrix}, \ P = P^{-1}, \ \Lambda = P^{-1}KP = \begin{bmatrix} \kappa & 0 \\ 0 & \kappa + 2\alpha \end{bmatrix}$$

より y_1, y_2 はそれぞれ振動数 $\omega_1 = \sqrt{\kappa}, \omega_2 = \sqrt{\kappa + 2\alpha}$ をもつ単振動である.

演習問題

演習 1 以下の行列 A に対する微分方程式 $\dfrac{d\boldsymbol{x}(t)}{dt} = A\boldsymbol{x}(t)$ の解の原点における振る舞いを分類せよ.

(1) $A = \begin{bmatrix} 1 & 0 \\ -3 & 2 \end{bmatrix}$
(2) $A = \begin{bmatrix} 2 & 5 \\ 4 & 3 \end{bmatrix}$
(3) $A = \begin{bmatrix} 5 & 3 \\ -3 & -1 \end{bmatrix}$

(4) $A = \begin{bmatrix} 3 & -5 \\ 4 & 7 \end{bmatrix}$
(5) $A = \begin{bmatrix} 3 & -5 \\ 5 & -3 \end{bmatrix}$

演習 2 以下の行列 A に対してジョルダンの標準形 J と $P^{-1}AP = J$ となる P を求めよ. そして微分方程式 $\dfrac{d\boldsymbol{x}(t)}{dt} = A\boldsymbol{x}(t)$ の解を求めよ.

(1) $A = \begin{bmatrix} 1 & -3 & 4 \\ 4 & -7 & 8 \\ 6 & -7 & 7 \end{bmatrix}$
(2) $A = \begin{bmatrix} 2 & 6 & -15 \\ 1 & 1 & -5 \\ 1 & 2 & -6 \end{bmatrix}$
(3) $A = \begin{bmatrix} 0 & 1 & 0 \\ 0 & 0 & 1 \\ 1 & -3 & 3 \end{bmatrix}$

演習 3 以下の微分方程式の一般解を求めよ.

(1) $\dfrac{d}{dt} \begin{bmatrix} x_1(t) \\ x_2(t) \end{bmatrix} = \begin{bmatrix} 1 & 0 \\ -3 & 2 \end{bmatrix} \begin{bmatrix} x_1(t) \\ x_2(t) \end{bmatrix} + \begin{bmatrix} \cos t \\ 0 \end{bmatrix}$

(2) $\dfrac{d}{dt} \begin{bmatrix} x_1(t) \\ x_2(t) \end{bmatrix} = \begin{bmatrix} 2 & 5 \\ 4 & 3 \end{bmatrix} \begin{bmatrix} x_1(t) \\ x_2(t) \end{bmatrix} + \begin{bmatrix} 0 \\ 10 \sin t \end{bmatrix}$

(3) $\dfrac{d}{dt} \begin{bmatrix} x_1(t) \\ x_2(t) \end{bmatrix} = \begin{bmatrix} 5 & 3 \\ -3 & -1 \end{bmatrix} \begin{bmatrix} x_1(t) \\ x_2(t) \end{bmatrix} + \begin{bmatrix} 4t \\ 0 \end{bmatrix}$

(4) $\dfrac{d}{dt} \begin{bmatrix} x_1(t) \\ x_2(t) \end{bmatrix} = \begin{bmatrix} 3 & -5 \\ 4 & 7 \end{bmatrix} \begin{bmatrix} x_1(t) \\ x_2(t) \end{bmatrix} + \begin{bmatrix} 5e^{2t} \\ 0 \end{bmatrix}$

(5) $\dfrac{d}{dt} \begin{bmatrix} x_1(t) \\ x_2(t) \end{bmatrix} = \begin{bmatrix} 3 & -5 \\ 5 & -3 \end{bmatrix} \begin{bmatrix} x_1(t) \\ x_2(t) \end{bmatrix} + \begin{bmatrix} 6t \cos 2t \\ 0 \end{bmatrix}$

3

変数係数線形微分方程式

　この章では変数係数の線形微分方程式を扱う．1 階の線形方程式は変数係数であっても係数の不定積分を用いて解を書き下すことができる．高階の方程式は連立 1 階の方程式に書き直すことができ，行列を用いると連立方程式は単独方程式と同じような形に書けるので，単独方程式の解と似たような表示はできるが，残念ながらこの積分を具体的に求めることは難しい．したがって，この章での議論は少し抽象的になってしまった．しかし係数が周期関数のときは，定数係数の微分方程式のように解を具体的に書き下すことはできないが，定数係数の場合と似た議論ができ，線形代数が活躍する，フロケ (Floquet) の理論を紹介した．そこではベクトルや行列を値にもつ関数の微分積分が用いられる．変数係数の微分方程式は特別の場合を除いて解を具体的に書き下すのは難しいが，うまい工夫によって解くことのできる重要な方程式もあるので，それらを章の終わりに紹介した．

3.1　1 階線形方程式

　まず $p_j \in \mathcal{C}(\boldsymbol{R}; \boldsymbol{C})$ として，

$$y^{(n)} + p_1(t)y^{(n-1)} + \cdots + p_{n-1}(t)y' + p_n(t)y = 0 \tag{3.1}$$

を考えよう．定数係数の場合には，解は指数関数と多項式の積で表されたが変数係数の場合はそのような簡単な表示はできない．しかし，$n = 1$ のときには第 1 章で述べたように係数の不定積分を用いた表示がある．もう一度繰り返すと，

$$y'(t) + p(t)y(t) = 0 \tag{3.2}$$

の $y(s) = C$ を満たす解は

$$y(t) = Ce^{-\int_s^t p(r)\,dr} \tag{3.3}$$

であることが両辺を t で微分してみればすぐわかる. また

$$y'(t) + p(t)y(t) = q(t) \tag{3.4}$$

の $y(s) = C$ を満たす解は

$$y(t) = e^{-\int_s^t p(r)\,dr}\left\{\int_s^t q(r)e^{\int_s^r p(u)\,du}\,dr + C\right\} \tag{3.5}$$

であることは以下のようにしてわかる.

(3.4) の両辺に $e^{\int_s^t p(r)\,dr}$ を掛けると

$$e^{\int_s^t p(r)\,dr}y'(t) + e^{\int_s^t p(r)\,dr}p(t)y(t) = q(t)e^{\int_s^t p(r)\,dr}$$

となり, この左辺は $\frac{d}{dt}\left\{e^{\int_s^t p(r)\,dr}y(t)\right\}$ に等しいから

$$\frac{d}{dt}\left\{e^{\int_s^t p(r)\,dr}y(t)\right\} = q(t)e^{\int_s^t p(r)\,dr}$$

が得られる. 両辺を s から t まで積分すると

$$e^{\int_s^t p(r)\,dr}y(t) - y(s) = \int_s^t q(r)e^{\int_s^r p(u)\,du}\,dr$$

となり (3.5) が得られる.

注意 3.1. 方程式 (3.4) の一般解は $p(t)$ の原始関数 $P(t) = \int p(t)\,dt$ を用いて

$$y(t) = e^{-\int p(t)\,dt}\left\{\int q(t)e^{\int p(t)\,dt}\,dt + C\right\} \tag{3.6}$$

で与えられる. 実際 (3.5) は

$$y(t) = e^{-P(t)}e^{P(s)}\left\{\int_s^t q(r)e^{P(r)}e^{-P(s)}\,dr + C\right\}$$

$$= e^{-P(t)}\left\{\int_s^t q(r)e^{P(r)}\,dr + e^{P(s)}C\right\} = e^{-P(t)}\left\{\int q(t)e^{P(t)}\,dt + D\right\}$$

と表されるからである.

問題 3.1. $y' + \cos t\, y = \sin t \cos t$ を解け.

高階の方程式

$$y^{(n)}(t) + p_1(t)y^{(n-1)}(t) + \cdots + p_{n-1}(t)y'(t) + p_n(t)y(t) = q(t) \tag{3.7}$$

は

$$\boldsymbol{y}(t) = \begin{bmatrix} y_1(t) \\ y_2(t) \\ \vdots \\ y_n(t) \end{bmatrix} = \begin{bmatrix} y(t) \\ y'(t) \\ \vdots \\ y^{(n-1)}(t) \end{bmatrix}, \quad \boldsymbol{q}(t) = \begin{bmatrix} 0 \\ \vdots \\ 0 \\ q(t) \end{bmatrix}, \tag{3.8}$$

$$P(t) = \begin{bmatrix} 0 & 1 & & & O \\ & 0 & 1 & & \\ & & & \ddots & \ddots \\ & O & & & 0 & 1 \\ -p_n(t) & -p_{n-1}(t) & \dots & -p_2(t) & -p_1(t) \end{bmatrix}$$

とベクトル関数 $\boldsymbol{y}(t)$, $\boldsymbol{q}(t)$ と行列 $P(t)$ を導入して

$$\frac{d}{dt}\boldsymbol{y}(t) = P(t)\boldsymbol{y}(t) + \boldsymbol{q}(t) \tag{3.9}$$

と書くことができる．こう書いてみると単独方程式 (3.4) と似た形になるので解けそうな気がする．(3.9) の解 $\boldsymbol{y}(t)$ の第1成分 $y_1(t)$ が (3.7) の解になるので，これから連立方程式を考えることにしよう．

3.2　変数係数連立同次線形微分方程式

時間順序積を用いると単独方程式と同じ形の式が得られる．

次の連立微分方程式

$$\begin{cases} x_1'(t) = a_{11}(t)x_1(t) + a_{12}(t)x_2(t) + \cdots + a_{1n}(t)x_n(t) \\ x_2'(t) = a_{21}(t)x_1(t) + a_{22}(t)x_2(t) + \cdots + a_{2n}(t)x_n(t) \\ \qquad\qquad \cdots\cdots\cdots \\ x_n'(t) = a_{n1}(t)x_1(t) + a_{n2}(t)x_2(t) + \cdots + a_{nn}(t)x_n(t) \end{cases}$$

は

$$\boldsymbol{x}(t) = \begin{bmatrix} x_1(t) \\ x_2(t) \\ \vdots \\ x_n(t) \end{bmatrix}, \quad A(t) = \begin{bmatrix} a_{11}(t) & a_{12}(t) & \dots & a_{1n}(t) \\ a_{21}(t) & a_{22}(t) & \dots & a_{2n}(t) \\ & & \cdots & \\ a_{n1}(t) & a_{n2}(t) & \dots & a_{nn}(t) \end{bmatrix}$$

とベクトル関数 $\boldsymbol{x}(t)$ と行列 $A(t)$ を導入して

$$\frac{d}{dt}\boldsymbol{x}(t) = A(t)\boldsymbol{x}(t) \tag{3.10}$$

と書くことができる．こう書いてみると単独方程式からの類推で一般解は $\boldsymbol{x}(t) = e^{\int_s^t A(r)\,dr}\boldsymbol{c}$ と書けると期待されるがどうだろうか．残念ながらそうは書けないが似たような表示はできる．区間 $[s,t]$ を $s = t_0 < t_1 < \cdots < t_m = t$ と分割し，小区間 $[t_{i-1}, t_i]$ では $A(t)$ を定数行列 $A(t_i)$ で置き換え，

$$U_m(t,s) = \prod_{\substack{i=1 \\ \leftarrow}}^{m} e^{(t_i - t_{i-1})A(t_i)} \tag{3.11}$$

$$= e^{(t_m - t_{m-1})A(t_m)} \cdots e^{(t_2 - t_1)A(t_2)} e^{(t_1 - t_0)A(t_1)}$$

と（積の順序に注意して）定義すると $\boldsymbol{x}(t) = \lim_{m\to\infty} U_m(t,s)\boldsymbol{c}$ が $\boldsymbol{x}(s) = \boldsymbol{c}$ を満足する (3.10) の解になると予想される．実際 (3.2) の $p(t)$ に対しては

$$\prod_{\substack{i=1 \\ \leftarrow}}^{m} e^{-(t_i - t_{i-1})p(t_i)} = e^{-\sum\limits_{i=1}^{m}(t_i - t_{i-1})p(t_i)} \to e^{-\int_s^t p(r)\,dr}$$

となって (3.3) が得られる．しかし非可換な $A(t)$ ではこう簡単にはいかない．$(t_i - t_{i-1})$ が十分小だと $e^{(t_i - t_{i-1})A(t_i)}$ は $E + (t_i - t_{i-1})A(t_i)$ で近似できるので (3.11) は

$$\prod_{\substack{i=1 \\ \leftarrow}}^{m} (E + (t_i - t_{i-1})A(t_i))$$

$$= (E + (t_m - t_{m-1})A(t_m)) \cdots (E + (t_2 - t_1)A(t_2))(E + (t_1 - t_0)A(t_1))$$

$$= E + \sum_{i=1}^{m} A(t_i)(t_i - t_{i-1}) + \sum_{i>j} A(t_i)A(t_j)(t_i - t_{i-1})(t_j - t_{j-1})$$

$$+ \cdots + A(t_m) \cdots A(t_1)(t_m - t_{m-1}) \cdots (t_1 - t_0)$$

となる．$m \to \infty$ のときには

$$\sum_{i=1}^{m} A(t_i)(t_i - t_{i-1}) \to \int_s^t dr A(r),$$

$$\sum_{i>j} A(t_i)A(t_j)(t_i - t_{i-1})(t_j - t_{j-1}) \to \int_s^t du \int_s^u dr A(u)A(r)$$

となるので

$$U(t,s) = E + \sum_{m=1}^{\infty} \int_s^t dt_m \cdots \int_s^{t_3} dt_2 \int_s^{t_2} dt_1 A(t_m) \cdots A(t_2)A(t_1) \quad (3.12)$$

と定義する．これが収束するかという問題は付録にまわして，これを形式的に t で微分してみると

$$\frac{d}{dt}U(t,s) = A(t)\left(E + \sum_{m=2}^{\infty} \int_s^t dt_{m-1} \cdots \right.$$

$$\left. \cdots \int_s^{t_3} dt_2 \int_s^{t_2} dt_1 A(t_{m-1}) \cdots A(t_2)A(t_1) \right) = A(t)U(t,s) \quad (3.13)$$

となってベクトル $\boldsymbol{c}$ に対して $\boldsymbol{x}(t) = U(t,s)\boldsymbol{c}$ とおくと，$\boldsymbol{x}(t)$ は初期条件 $\boldsymbol{x}(s) = \boldsymbol{c}$ を満たす (3.10) の解であることがわかる．$A(t)$ が定数行列 $(= A)$ のときには

$$U(t,s) = E + \sum_{m=1}^{\infty} \int_s^t dt_m \int_s^{t_m} dt_{m-1} \cdots \int_s^{t_3} dt_2 \int_s^{t_2} dt_1 A^m$$

$$= \sum_{m=0}^{\infty} \frac{1}{m!}(t-s)^m A^m = e^{(t-s)A}$$

となる．(3.12) の積分変数 $t_m, \ldots, t_1$ は $t_m \geq t_{m-1} \geq \cdots \geq t_2 \geq t_1$ と順序付けられているので (3.12) の積分は

$$\int \cdots \int_D A(t_m) \cdots A(t_2)A(t_1)\, dt_m \cdots dt_1,$$

$$D = \{(t_m, \ldots, t_1); t \geq t_m \geq t_{m-1} \geq \cdots \geq t_2 \geq t_1 \geq s\}$$

と書ける．そこで**時間順序積** $\mathrm{T}_{\leftarrow}\{A(t_m)A(t_{m-1}) \cdots A(t_2)A(t_1)\}$ を $t_m, \ldots, t_1$ が $t_i \geq t_j \geq \cdots \geq t_k \geq t_l$ なる不等式を満たすときに

$$\mathrm{T}_{\leftarrow}\{A(t_m)A(t_{m-1}) \cdots A(t_2)A(t_1)\} = A(t_i)A(t_j) \cdots A(t_k)A(t_l)$$

と定義すると $t_m, \ldots, t_1$ の順列の個数は $m!$ であることより

$$U(t,s) = E + \sum_{m=1}^{\infty} \frac{1}{m!} \int_s^t dt_m \cdots \int_s^t dt_2 \int_s^t dt_1\, \mathrm{T}_{\leftarrow}\{A(t_m) \cdots A(t_2)A(t_1)\}$$

と書ける．これを

$$U(t,s) = \mathrm{T}_{\leftarrow}\{e^{\int_s^t A(r)\,dr}\} \quad (3.14)$$

と略記すると，単独方程式の場合とよく似た形になる．これが時間の順に積を作った (3.11) の $m \to \infty$ のときの極限である．

注意 3.2. 任意の r_1, r_2 について $A(r_1)A(r_2) = A(r_2)A(r_1)$ が成り立てば ($A(r_1)$ と $A(r_2)$ は可換), 時間順序積は普通の積と同じことなので

$$U(t,s) = e^{\int_s^t A(r)\,dr}$$

となる. $A(t)$ が定数行列 ($= A$) のときには $\int_s^t A\,dr = (t-s)A$ となるので $U(t,s) = e^{(t-s)A}$ となる.

問題 3.2. $A(t) = \begin{bmatrix} 1 & \cos t \\ 0 & 1 \end{bmatrix}$ に対して $U(t,s) = \mathrm{T}_\leftarrow\{e^{\int_s^t A(r)\,dr}\}$ を求めよ.

行列 $A(t) = \begin{bmatrix} a(t) & b(t) \\ 0 & c(t) \end{bmatrix}$ には連立方程式

$$\frac{dx_1(t)}{dt} = a(t)x_1(t) + b(t)x_2(t), \quad \frac{dx_2(t)}{dt} = c(t)x_2(t)$$

が対応しているので, 第 2 式の解 $x_2(t) = c_2 e^{\int_s^t c(r)dr}$ を第 1 式に代入して, 公式 (3.5) を用いることによって解

$$x_1(t) = e^{\int_s^t a(u)\,du}\left[\int_s^t b(r)c_2 e^{\int_s^r c(u)\,du} e^{-\int_s^r a(u)\,du}dr + c_1\right],$$

$$x_2(t) = c_2 e^{\int_s^t c(r)\,dr}$$

(3.15)

が得られる. 式 (3.12) を用いても同じ結果が得られることが以下のようにしてわかる. まず

$$A(t_m)A(t_{m-1})\cdots A(t_1) = \begin{bmatrix} a_m & b_m \\ 0 & c_m \end{bmatrix}$$

とおくと

$$a_m = a(t_m)a(t_{m-1})\cdots a(t_1), \quad c_m = c(t_m)c(t_{m-1})\cdots c(t_1),$$

$$b_m = \sum_{i=1}^m a(t_m)\cdots a(t_{i+1})b(t_i)c(t_{i-1})\cdots c(t_1)$$

となることに注意する. そして (3.12) から (3.14) が導かれたのと同様に

$$1 + \sum_{m=1}^\infty \int_s^t dt_m \cdots \int_s^{t_3} dt_2 \int_s^{t_2} dt_1 a(t_m)\cdots a(t_2)a(t_1)$$

$$= 1 + \sum_{m=1}^{\infty} \frac{1}{m!} \left(\int_s^t a(u)\, du \right)^m = e^{\int_s^t a(u)\, du},$$

$$1 + \sum_{m=1}^{\infty} \int_s^t dt_m \cdots \int_s^{t_3} dt_2 \int_s^{t_2} dt_1 c(t_m) \cdots c(t_2) c(t_1)$$

$$= 1 + \sum_{m=1}^{\infty} \frac{1}{m!} \left(\int_s^t c(u)\, du \right)^m = e^{\int_s^t c(u)\, du}$$

が成立する. そして b_m の積分に関しては, 積分順序の交換をして

$$\int_s^t dt_m \cdots \int_s^{t_3} dt_2 \int_s^{t_2} dt_1 a(t_m) \cdots a(t_{i+1}) b(t_i) c(t_{i-1}) \cdots c(t_1)$$

$$= \int \cdots \int_D a(t_m) \cdots a(t_{i+1}) b(t_i) c(t_{i-1}) \cdots c(t_1) dt_m \cdots dt_1$$

$$= \int_s^t dt_i \int_{t_i}^t dt_{i+1} \cdots \int_{t_{m-1}}^t dt_m \int_s^{t_i} dt_{i-1} \cdots \int_s^{t_2} dt_1$$

$$\times a(t_m) \cdots a(t_{i+1}) b(t_i) c(t_{i-1}) \cdots c(t_1)$$

$$= \int_s^t \frac{1}{(m-i)!} \left(\int_{t_i}^t a(u)\, du \right)^{m-i} b(t_i) \frac{1}{(i-1)!} \left(\int_s^{t_i} c(u)\, du \right)^{i-1} dt_i$$

$$= \int_s^t \frac{1}{(m-i)!} \left(\int_r^t a(u)\, du \right)^{m-i} b(r) \frac{1}{(i-1)!} \left(\int_s^r c(u)\, du \right)^{i-1} dr$$

が得られる. 2項定理より

$$\sum_{i=1}^m \frac{1}{(m-i)!} \left(\int_r^t a(u)\, du \right)^{m-i} \frac{1}{(i-1)!} \left(\int_s^r c(u)\, du \right)^{i-1}$$

$$= \frac{1}{(m-1)!} \left(\int_r^t a(u)\, du + \int_s^r c(u)\, du \right)^{m-1}$$

が得られて, 結局

$$\sum_{m=1}^{\infty} \int_s^t dt_m \cdots \int_s^{t_3} dt_2 \int_s^{t_2} dt_1 b_m$$

$$= \int_s^t b(r) \sum_{m=1}^{\infty} \frac{1}{(m-1)!} \left(\int_r^t a(u)\, du + \int_s^r c(u)\, du \right)^{m-1} dr$$

$$= \int_s^t b(r) e^{\int_r^t a(u)\, du + \int_s^r c(u)\, du}\, dr = \int_s^t b(r) e^{\int_s^t a(u)\, du - \int_s^r a(u)\, du + \int_s^r c(u)\, du}\, dr$$

$$= e^{\int_s^t a(u)\, du} \int_s^t b(r) e^{-\int_s^r a(u)\, du} e^{\int_s^r c(u)\, du}\, dr$$

となって, $U(t,s)\boldsymbol{c}$ は式 (3.15) と同じものになることがわかる.

$t < s$ のときには (3.12) の積分変数 $t_m, \ldots, t_1$ は $t_m \leq \cdots \leq t_2 \leq t_1$ と順序付けられているので時間逆順序積 $\mathrm{T}_{\rightarrow}\{A(t_m) \cdots A(t_2)A(t_1)\}$ を $t_m, \ldots, t_1$ が $t_i \leq t_j \leq \cdots \leq t_k$ なる不等式を満たすときに

$$\mathrm{T}_{\rightarrow}\{A(t_m) \cdots A(t_2)A(t_1)\} = A(t_i)A(t_j) \cdots A(t_k)$$

と定義すれば

$$U(t,s) = E + \sum_{m=1}^{\infty} \frac{1}{m!} \int_s^t dt_m \cdots \int_s^t dt_2 \int_s^t dt_1 \, \mathrm{T}_{\rightarrow}\{A(t_m) \cdots A(t_2)A(t_1)\}$$

と書ける. これを

$$U(t,s) = \mathrm{T}_{\rightarrow}\{e^{\int_s^t A(r)\,dr}\}$$

と略記する. $U(t,s)$ については次の定理が成り立つ. 証明には方程式 (3.10) の解の一意性（定理 4.4, 注意 4.6）を用いる.

定理 3.3. $U(t,s)U(s,r) = U(t,r),\ U(t,s)^{-1} = U(s,t)$

証明. 任意の $\boldsymbol{c} \in \boldsymbol{C}^n$ に対して, $\boldsymbol{c}_1 = U(s,r)\boldsymbol{c}$ とする. このとき, $\boldsymbol{x}(t) = U(t,r)\boldsymbol{c}$ も $\boldsymbol{y}(t) = U(t,s)\boldsymbol{c}_1$ も共に初期条件 $\boldsymbol{x}(s) = \boldsymbol{y}(s) = \boldsymbol{c}_1$ を満たす (3.10) の解だから解の一意性より $\boldsymbol{x}(t) = \boldsymbol{y}(t)$ となる（注意 4.6 参照）. このことより $U(t,s)U(s,r) = U(t,r)$ がわかる. またここで $t = r$ とすれば $U(t,s)U(s,t) = U(t,t) = E$ となり $U(t,s)^{-1} = U(s,t)$ がわかる. □

ここで

$$\mathcal{L}_{\boldsymbol{C}} = \{\boldsymbol{x}(t) \in \mathcal{C}^1(\boldsymbol{R}; \boldsymbol{C}^n); \frac{d}{dt}\boldsymbol{x}(t) = A(t)\boldsymbol{x}(t)\}$$

の次元であるが, 次の定理が成立する.

定理 3.4. $\mathcal{L}_{\boldsymbol{C}}$ の次元は n である.

証明. $\boldsymbol{e}_i$ を i 番目の基底ベクトルとし $\boldsymbol{x}_i(t) = U(t,s)\boldsymbol{e}_i$ $(i = 1, \ldots, n)$ とするとこれらは 1 次独立であり, $\boldsymbol{x}(t)$ が初期条件 $\boldsymbol{x}(s) = \boldsymbol{c}$ を満たす解ならば, $\sum_{i=1}^{n} c_i \boldsymbol{x}_i(t)$ も同じ初期条件を満たすから解の一意性により $\boldsymbol{x}(t) = \sum_{i=1}^{n} c_i \boldsymbol{x}_i(t)$ と表される. □

3.3　ロンスキアン

定義 3.5. n 個のベクトル関数 $\boldsymbol{x}_1(t), \boldsymbol{x}_2(t), \ldots, \boldsymbol{x}_n(t)$ に対して，行列

$$X(t) = [\boldsymbol{x}_1(t)\,\boldsymbol{x}_2(t)\,\ldots\,\boldsymbol{x}_n(t)] = \begin{bmatrix} x_{11}(t) & x_{12}(t) & \ldots & x_{1n}(t) \\ x_{21}(t) & x_{22}(t) & \ldots & x_{2n}(t) \\ & & \ldots & \\ x_{n1}(t) & x_{n2}(t) & \ldots & x_{nn}(t) \end{bmatrix} \tag{3.16}$$

の行列式

$$W(t) = \det X(t) = \begin{vmatrix} x_{11}(t) & x_{12}(t) & \ldots & x_{1n}(t) \\ x_{21}(t) & x_{22}(t) & \ldots & x_{2n}(t) \\ & & \ldots & \\ x_{n1}(t) & x_{n2}(t) & \ldots & x_{nn}(t) \end{vmatrix}$$

を**ロンスキアン (Wronskian)** という．

定義 3.6. 方程式 (3.10) の 1 次独立な解 $\boldsymbol{x}_1(t), \boldsymbol{x}_2(t), \ldots, \boldsymbol{x}_n(t)$ を**基本解**といい，これらに対する行列 (3.16) を**基本行列**という．

定理 3.7. 方程式 (3.10) の解 $\boldsymbol{x}_1(t), \boldsymbol{x}_2(t), \ldots, \boldsymbol{x}_n(t)$ に対するロンスキアン $W(t)$ に対して

$$W(t) = W(s) \exp\left(\int_s^t \mathrm{Tr}\, A(r)\, dr\right) \tag{3.17}$$

が成立する．

証明. $\boldsymbol{x}_j'(t) = A(t)\boldsymbol{x}_j(t)\ (j = 1, \ldots, n)$ は

$$x_{kj}'(t) = \sum_{m=1}^{n} a_{km}(t) x_{mj}(t) \quad (k, j = 1, \ldots, n)$$

だから

$$\frac{dW}{dt} = \begin{vmatrix} x_{11}'(t) & x_{12}'(t) & \ldots & x_{1n}'(t) \\ x_{21}(t) & x_{22}(t) & \ldots & x_{2n}(t) \\ \vdots & \vdots & & \vdots \\ x_{n1}(t) & x_{n2}(t) & \ldots & x_{nn}(t) \end{vmatrix} + \begin{vmatrix} x_{11}(t) & x_{12}(t) & \ldots & x_{1n}(t) \\ x_{21}'(t) & x_{22}'(t) & \ldots & x_{2n}'(t) \\ \vdots & \vdots & & \vdots \\ x_{n1}(t) & x_{n2}(t) & \ldots & x_{nn}(t) \end{vmatrix}$$

$$
+\cdots+
\begin{vmatrix}
x_{11}(t) & x_{12}(t) & \ldots & x_{1n}(t) \\
x_{21}(t) & x_{22}(t) & \ldots & x_{2n}(t) \\
\vdots & \vdots & & \vdots \\
x'_{n1}(t) & x'_{n2}(t) & \ldots & x'_{nn}(t)
\end{vmatrix}
$$

$$
=\sum_{m=1}^{n} a_{1m}(t)
\begin{vmatrix}
x_{m1}(t) & x_{m2}(t) & \ldots & x_{mn}(t) \\
x_{21}(t) & x_{22}(t) & \ldots & x_{2n}(t) \\
\vdots & \vdots & & \vdots \\
x_{n1}(t) & x_{n2}(t) & \ldots & x_{nn}(t)
\end{vmatrix}
+\cdots
$$

$$
\cdots+\sum_{m=1}^{n} a_{nm}(t)
\begin{vmatrix}
x_{11}(t) & x_{12}(t) & \ldots & x_{1n}(t) \\
x_{21}(t) & x_{22}(t) & \ldots & x_{2n}(t) \\
\vdots & \vdots & & \vdots \\
x_{m1}(t) & x_{m2}(t) & \ldots & x_{mn}(t)
\end{vmatrix}
$$

となる. 2 つの行が一致する行列式は 0 であるから

$$
\frac{dW(t)}{dt}=\left(\sum_{m=1}^{n} a_{mm}(t)\right)
\begin{vmatrix}
x_{11}(t) & x_{12}(t) & \ldots & x_{1n}(t) \\
x_{21}(t) & x_{22}(t) & \ldots & x_{2n}(t) \\
\vdots & \vdots & & \vdots \\
x_{n1}(t) & x_{n2}(t) & \ldots & x_{nn}(t)
\end{vmatrix}
=(\mathrm{Tr}\, A(t))W(t)
$$

となる. この W に対する微分方程式の解は (3.2) の形をしているので (3.17) が得られる. □

この定理からある 1 点 t_0 で $W(t_0)=0$ ならばすべての点 t で $W(t)=0$ であり, ある 1 点 t_0 で $W(t_0)\neq 0$ ならばすべての点 t で $W(t)\neq 0$ である.

定理 3.8. 方程式 (3.10) の解 $\boldsymbol{x}_1(t),\boldsymbol{x}_2(t),\ldots,\boldsymbol{x}_n(t)$ が 1 次独立であるための必要十分条件は, ロンスキアン $W(t)$ が 0 にならないことである.

証明. ある 1 点 t_0 で $W(t_0)=0$ ならば $\boldsymbol{x}_1(t_0),\boldsymbol{x}_2(t_0),\ldots,\boldsymbol{x}_n(t_0)$ が 1 次従属になるので, ある $\boldsymbol{x}_j(t_0)$ は他の $\boldsymbol{x}_i(t_0)$ で

$$
\boldsymbol{x}_j(t_0)=\sum_{i\neq j} c_i\boldsymbol{x}_i(t_0)
$$

と表される. $\boldsymbol{x}_i(t)$ も $\displaystyle\sum_{i \neq j} c_i \boldsymbol{x}_i(t)$ も同じ初期値をもつ (3.10) の解だから初期値問題の一意性（定理 4.4, 注意 4.6）より

$$\boldsymbol{x}_j(t) = \sum_{i \neq j} c_i \boldsymbol{x}_i(t)$$

が従い $\boldsymbol{x}_1, \boldsymbol{x}_2, \ldots, \boldsymbol{x}_n$ は 1 次従属となる.

$W(t_0) \neq 0$ ならば $\boldsymbol{x}_1(t), \boldsymbol{x}_2(t), \ldots, \boldsymbol{x}_n(t)$ が 1 次独立であるのは見やすい.　□

さて, 方程式 (3.9) で $\boldsymbol{q}(t) = \boldsymbol{0}$ の場合である

$$\frac{d}{dt}\boldsymbol{y}(t) = P(t)\boldsymbol{y}(t) \tag{3.18}$$

を考える. このとき (3.18) の 1 次独立な解 $\boldsymbol{y}_1(t), \ldots, \boldsymbol{y}_n(t)$ の第 1 成分 $y_{11}(t), \ldots, y_{1n}(t)$ は (3.1) の解であるがこれらは 1 次独立だろうか.

$$c_1 y_{11}(t) + c_2 y_{12}(t) + \cdots + c_n y_{1n}(t) = 0$$

が恒等的に成り立つとすれば

$$c_1 y_{11}'(t) + c_2 y_{12}'(t) + \cdots + c_n y_{1n}'(t) = 0$$
$$c_1 y_{11}''(t) + c_2 y_{12}''(t) + \cdots + c_n y_{1n}''(t) = 0$$
$$\cdots$$
$$c_1 y_{11}^{(n-1)}(t) + c_2 y_{12}^{(n-1)}(t) + \cdots + c_n y_{1n}^{(n-1)}(t) = 0$$

が恒等的に成り立ち

$$\begin{vmatrix} y_{11}(t) & y_{12}(t) & \ldots & y_{1n}(t) \\ y_{11}'(t) & y_{12}'(t) & \ldots & y_{1n}'(t) \\ \vdots & \vdots & \ldots & \vdots \\ y_{11}^{(n-1)}(t) & y_{12}^{(n-1)}(t) & \ldots & y_{1n}^{(n-1)}(t) \end{vmatrix} = W(t) \neq 0$$

より $c_1 = c_2 = \cdots = c_n = 0$ でなければならない. また (3.1) の解 $y(t)$ に対して (3.8) の $\boldsymbol{y}(t)$ を作ればこれは (3.18) の解になり定理 3.4 より

$$\boldsymbol{y}(t) = c_1 \boldsymbol{y}_1(t) + c_2 \boldsymbol{y}_2 + \cdots + c_n \boldsymbol{y}_n(t)$$

となるので,

$$y(t) = c_1 y_{11}(t) + c_2 y_{12} + \cdots + c_n y_{1n}(t)$$

となり, (3.1) の解空間

$$\mathcal{L}_{\boldsymbol{C}} = \{y \in \mathcal{C}^n(\boldsymbol{R};\boldsymbol{C}); y^{(n)} + p_1(t)y^{(n-1)} + \cdots + p_{n-1}(t)y' + p_n(t)y = 0\}$$

の次元が n であることがわかった.

方程式 (3.1) の解 $\phi_1, \ldots, \phi_n$ に対するロンスキアンは

$$W(t) = \begin{vmatrix} \phi_1(t) & \phi_2(t) & \ldots & \phi_n(t) \\ \phi_1'(t) & \phi_2'(t) & \ldots & \phi_n'(t) \\ \vdots & \vdots & \ldots & \vdots \\ \phi_1^{(n-1)}(t) & \phi_2^{(n-1)}(t) & \ldots & \phi_n^{(n-1)}(t) \end{vmatrix}$$

であるが, このとき (3.17) は

$$W(t) = W(s) \exp\left(-\int_s^t p_1(r)\,dr\right) \tag{3.19}$$

となる.

3.4 行列値関数

基本解の性質を調べることは基本行列の性質を調べることである.

そのためには行列に値をとる関数を考えると都合がよい.

行列 $A = [a_{ij}]$ に対して $\|A\|$ を

$$\|A\| = \sqrt{\sum_{i,j=1}^n |a_{ij}|^2} = \sqrt{\operatorname{Tr}(A^*A)} \quad (A^* = [\bar{a}_{ji}]) \tag{3.20}$$

と定義して A のノルムといい, $A(t)$ の収束

$$A(t) \to B \ (t \to t_0)$$

を

$$\|A(t) - B\| \to 0 \ (t \to t_0) \tag{3.21}$$

で定義する. 不等式

$$\|A\|^2 = \sum_{i,j=1}^n |a_{ij}|^2 \geq |a_{ij}|^2,$$

$$\left(\sum_{i,j=1}^n |a_{ij}|\right)^2 \geq \sum_{i,j=1}^n |a_{ij}|^2 = \|A\|^2$$

より不等式

$$\sum_{i,j=1}^{n} |a_{ij}| \geq \|A\| \geq |a_{ij}|$$

が成立するので，すべての (i,j) 成分について

$$|a_{ij}(t) - b_{ij}| \to 0 \ (t \to t_0)$$

が成立することと，(3.21) とが同値になる．このことより $\dfrac{dX(t)}{dt}$ の成分 $\dfrac{dx_{ij}(t)}{dt}$ は $\dfrac{x_{ij}(t+h) - x_{ij}(t)}{h}$ の $h \to 0$ のときの極限だから $\dfrac{dX(t)}{dt}$ は $\dfrac{X(t+h) - X(t)}{h}$ の $h \to 0$ のときの極限である．

問題 3.3. $a \in C$, $U, V \in \mathbf{C}^{n \times n}$ のとき

$$\|U + V\| \leq \|U\| + \|V\|, \quad \|aU\| = |a|\|U\|$$

を示せ．

問題 3.4. $\mathbf{x} \in \mathbf{C}^n$, $U, V \in \mathbf{C}^{n \times n}$ のとき

$$\|UV\| \leq \|U\|\|V\|, \quad \|U\mathbf{x}\| \leq \|U\|\|\mathbf{x}\|$$

を示せ．

定理 3.9. 次の公式が成り立つ．

$$\frac{d(U(t) \pm V(t))}{dt} = \frac{dU(t)}{dt} \pm \frac{dV(t)}{dt},$$

$$\frac{d(U(t)V(t))}{dt} = \frac{dU(t)}{dt}V(t) + U(t)\frac{dV(t)}{dt},$$

$$\frac{dU(t)^{-1}}{dt} = -U(t)^{-1}\frac{dU(t)}{dt}U(t)^{-1} \quad (U(t) \text{ は正則}).$$

証明. 1番目と2番目の公式は $U(t)$ と $V(t)$ が普通の関数であるときの証明で，$|U(t)|, |V(t)|$ を $\|U(t)\|, \|V(t)\|$ に置き換えて得られるので，3番目の公式だけを証明する．$h \to 0$ のときの等式

$$\frac{U(t+h)^{-1} - U(t)^{-1}}{h} = -U(t+h)^{-1}\frac{U(t+h) - U(t)}{h}U(t)^{-1}$$

の極限として3番目の公式が得られる． $\square$

注意 3.10. 上の定理は，両辺の (i,j) 成分がすべて等しいことを示すことによっても証明されるが，適当な量 (3.20) を用いることにより，普通の微分法の公式の証明とまったく同じやり方で証明できるのがよい．

3.5 非同次方程式

$$\frac{d}{dt}\boldsymbol{x}(t) = A(t)\boldsymbol{x}(t) + \boldsymbol{b}(t) \tag{3.22}$$

に対しては両辺に $U(t,s)^{-1} = U(s,t)$ を掛けて

$$U(s,t)\frac{d}{dt}\boldsymbol{x}(t) - U(s,t)A(t)\boldsymbol{x}(t) = U(s,t)\boldsymbol{b}(t)$$

となり，この左辺は定理 3.9 と式 (3.13) より $\dfrac{d}{dt}\{U(s,t)\boldsymbol{x}(t)\}$ に等しいから

$$\frac{d}{dt}\{U(s,t)\boldsymbol{x}(t)\} = U(s,t)\boldsymbol{b}(t)$$

となる．これを s から t まで積分して

$$U(s,t)\boldsymbol{x}(t) - U(s,s)\boldsymbol{x}(s) = \int_s^t U(s,\tau)\boldsymbol{b}(\tau)\,d\tau$$

となる．したがって，

$$\boldsymbol{x}(t) = U(t,s)\left[\int_s^t U(s,\tau)\boldsymbol{b}(\tau)\,d\tau + \boldsymbol{c}\right] \tag{3.23}$$

が初期条件 $\boldsymbol{x}(s) = \boldsymbol{c}$ を満足する解である．次に定数変化法といわれる方法で (3.22) の解を求めてみよう．そのために基本行列の性質を少し調べてみよう．(3.10) の任意の基本行列 $X(t)$ に対して

$$\frac{dX(t)}{dt} = \left[\frac{d\boldsymbol{x}_1(t)}{dt}\ \frac{d\boldsymbol{x}_2(t)}{dt}\ \cdots\ \frac{d\boldsymbol{x}_n(t)}{dt}\right]$$

$$= [A(t)\boldsymbol{x}_1(t)\ A(t)\boldsymbol{x}_2(t)\ \ldots\ A(t)\boldsymbol{x}_n(t)] = A(t)X(t)$$

となるので $X(t)$ は方程式

$$\frac{dX(t)}{dt} = A(t)X(t) \tag{3.24}$$

の解であることがわかる．逆に $X(t)$ を (3.24) の $\det X(t) \neq 0$ なる解とすれば，$X(t)$ の列ベクトル $\boldsymbol{x}_1(t), \boldsymbol{x}_2(t), \ldots, \boldsymbol{x}_n(t)$ は (3.10) の 1 次独立な解であるから $X(t)$ は基本行列である．$X(t)$ を方程式 (3.10) の基本行列とし，$\boldsymbol{y}(t) = X(t)\boldsymbol{c}(t)$ を (3.22) に代入する．

$$A(t)X(t)\boldsymbol{c}(t) + \boldsymbol{b}(t) = \frac{d\boldsymbol{y}(t)}{dt} = \frac{dX(t)}{dt}\boldsymbol{c}(t) + X(t)\frac{d\boldsymbol{c}(t)}{dt}$$

$$= A(t)X(t)\boldsymbol{c}(t) + X(t)\frac{d\boldsymbol{c}(t)}{dt}$$

より

$$\boldsymbol{b}(t) = X(t)\frac{d\boldsymbol{c}(t)}{dt}$$

が従い

$$\boldsymbol{c}(t) - \boldsymbol{c}(s) = \int_s^t X(\tau)^{-1}\boldsymbol{b}(\tau)\,d\tau,$$

$$\boldsymbol{y}(t) = X(t)\left[\int_s^t X(\tau)^{-1}\boldsymbol{b}(\tau)\,d\tau + X(s)^{-1}\boldsymbol{c}\right] \tag{3.25}$$

が初期条件 $\boldsymbol{y}(s) = \boldsymbol{c}$ を満足する解である.

(3.23) と (3.25) とを比較してみると,

$$X(t)X(\tau)^{-1} = U(t,s)U(s,\tau) = U(t,s)U(\tau,s)^{-1}$$

となることが予想されるがはたしてどうだろうか.

定理 3.11. $Y(t)$, $X(t)$ が共に (3.10) の基本行列とすれば, 正則な定数行列 P が存在して

$$Y(t) = X(t)P$$

となる.

証明. $P(t) = X(t)^{-1}Y(t)$ とおけば

$$\begin{aligned}\frac{dP(t)}{dt} &= \frac{dX(t)^{-1}}{dt}Y(t) + X(t)^{-1}\frac{dY(t)}{dt}\\ &= -X(t)^{-1}\frac{dX(t)}{dt}X(t)^{-1}Y(t) + X(t)^{-1}\frac{dY(t)}{dt}\\ &= -X(t)^{-1}A(t)X(t)X(t)^{-1}Y(t) + X(t)^{-1}A(t)Y(t) = O\end{aligned}$$

となる. したがって, P は定数行列であって $Y(t) = X(t)P$ となる.   □

系 3.12. $X(t)$ を基本行列とし $H(t,\tau) = X(t)X(\tau)^{-1}$ とするとき

1) $H(t,\tau)$ は基本行列のとり方によらない.

2) $H(t,t) = E$, $H(t,\tau)^{-1} = H(\tau,t)$, $H(t,\tau)H(\tau,s) = H(t,s)$.

証明. 1) $Y(t)$ を他の基本行列とすると $Y(t) = X(t)P$ となることより

$$Y(t)Y(\tau)^{-1} = X(t)PP^{-1}X(\tau)^{-1} = X(t)X(\tau)^{-1}$$

となり, $H(t,\tau)$ は基本行列のとり方によらないことがわかる.

2) は定義より明らか.   □

上の系より $U(t,s)$ は初期条件 $\boldsymbol{x}_j(s) = \boldsymbol{e}_j$ となる解に対する基本行列であるので,

$$H(t,\tau) = X(t)X(\tau)^{-1} = U(t,s)U(\tau,s)^{-1} = U(t,s)U(s,\tau) = U(t,\tau)$$

がわかった. 定数係数の場合には $U(t,s) = e^{A(t-s)}$ なので (3.23) や (3.25) は第 2 章の (2.13) となる.

最後に方程式 (3.9) を考えよう. 方程式 (3.18) の基本行列を $X(t)$ とし, $X(t)$ の (i,j) 余因子を $Y_{ij}(t)$, 余因子行列 (Y_{ij} を要素とする行列の転置行列) を $\tilde{X}(t)$ とする. (3.25) の $\boldsymbol{y}(t)$ の第 1 成分が (3.7) の解を与えるから, それを求める. $X(\tau)^{-1} = \tilde{X}(\tau)/W(\tau)$ $(W(\tau) = \det X(\tau))$ となることより, $X(t)X(\tau)^{-1}\boldsymbol{q}(\tau)$ の第 1 成分は $X(t)\tilde{X}(\tau)$ の $(1,n)$ 成分 $D(t,\tau)$ を用いて

$$\frac{D(t,\tau)}{W(\tau)}q(\tau) = h(t,\tau)q(\tau)$$

となる. ただし

$$D(t,\tau) = \sum_{i=1}^{n} x_i(t)Y_{ni}(\tau) = \begin{vmatrix} x_1(\tau) & x_2(\tau) & \ldots & x_n(\tau) \\ x_1'(\tau) & x_2'(\tau) & \ldots & x_n'(\tau) \\ & & \ldots & \\ x_1^{(n-2)}(\tau) & x_2^{(n-2)}(\tau) & \ldots & x_n^{(n-2)}(\tau) \\ x_1(t) & x_2(t) & \ldots & x_n(t) \end{vmatrix}$$

である. このようにして

$$y(t) = \int_s^t h(t,\tau)q(\tau)\,d\tau$$

が (3.7) の 1 つの解を与えることがわかる. $q(t) = \delta(t-\tau)$ のときの (3.7) の解は $y(t) = h(t,\tau)$ となり, $h(t,\tau)$ は定数係数の場合のインパルス応答に相当するもので (3.7) のグリーン (Green) 関数と呼ばれる. $n = 2$ のときには

$$y(t) = x_2(t)\int_s^t \frac{x_1(\tau)q(\tau)}{W(x_1(\tau),x_2(\tau))}\,d\tau - x_1(t)\int_s^t \frac{x_2(\tau)q(\tau)}{W(x_1(\tau),x_2(\tau))}\,d\tau$$

となる.

3.6　周期関数を係数とする線形方程式系

方程式 (3.10) において $A(t)$ が t の周期関数, すなわち

$$A(t+T) = A(t),\ T > 0$$

である場合を考える．このとき**フロケ (Floquet) の定理**と呼ばれる次の定理
が成立する．

定理 3.13. $X(t)$ を周期 T をもつ周期関数 $A(t)$ を係数とする方程式 (3.10)
の基本行列とする．このとき周期 T をもつ行列 $F(t)$ と定数行列 L が存在
して，

$$X(t) = F(t)e^{tL}$$

と書ける．

定理を証明するために 2 つの補題を準備する．

補題 3.14. ジョルダンブロック

$$L = \begin{bmatrix} \lambda & 1 & & O \\ & \ddots & \ddots & \\ & & \ddots & 1 \\ O & & & \lambda \end{bmatrix}$$

において $\lambda \neq 0$ ならば $e^M = L$ となる行列 M が存在する．

証明. $$M = \log L$$

が定義できれば $e^M = L$ となることが期待できる．$|z| < 1$ ならば

$$w = z - \frac{z^2}{2} + \frac{z^3}{3} - \cdots + (-1)^{n+1}\frac{z^n}{n} + \cdots \tag{3.26}$$

は $\log(1+z)$ に収束するので

$$N = \begin{bmatrix} 0 & 1/\lambda & & O \\ & \ddots & \ddots & \\ & & \ddots & 1/\lambda \\ O & & & 0 \end{bmatrix}$$

とすれば $L = \lambda(E + N)$ である．

$$Q = N - \frac{N^2}{2} + \frac{N^3}{3} - \cdots + (-1)^{n+1}\frac{N^n}{n} + \cdots$$

は N が $n \times n$ 行列ならば $N^n = 0$ となることより Q が定まりこれが
$\log(E + N)$ を表すと思えるから，$e^Q = E + N$ となると期待される．(3.26)

の w に対して

$$e^w = 1 + \frac{w}{1!} + \frac{w^2}{2!} + \cdots = 1 + z$$

であるので

$$1 + \frac{w}{1!} + \frac{w^2}{2!} + \cdots + \frac{w^{n-1}}{(n-1)!} - (1+z) = -\frac{w^n}{n!} - \frac{w^{n+1}}{(n+1)!} - \cdots$$

は w^n からはじまるべき級数である．(3.26) を用いて z のべき級数に直しても z^n からはじまるべき級数である．このことを念頭におくと（$w \leftrightarrow Q, z \leftrightarrow N$ なる対応で）

$$E + \frac{Q}{1!} + \frac{Q^2}{2!} + \cdots + \frac{Q^{n-1}}{(n-1)!} - (E+N)$$

は N^n からはじまるべき級数となるからこれは 0 である．Q も $Q^n = 0$ を満たすから

$$e^Q = E + \frac{Q}{1!} + \frac{Q^2}{2!} + \cdots = E + \frac{Q}{1!} + \frac{Q^2}{2!} + \cdots + \frac{Q^{n-1}}{(n-1)!}$$

であり $e^Q = E + N$ が示された．

$$M = \log \lambda E + Q$$

とおけば

$$e^M = e^{\log \lambda E} e^Q = e^{\log \lambda} E(E+N) = \lambda(E+N) = L$$

となる． $\square$

注意 3.15. $\log \lambda$ の値は $2\pi i$ の整数倍の不定性があるので M は一意には決まらない．

補題 3.16. L を正則な行列とするとき $e^M = L$ となる行列 M が存在する．

証明．

$$P^{-1}LP = \Lambda = \begin{bmatrix} \Lambda_1 & & & O \\ & \Lambda_2 & & \\ & & \ddots & \\ O & & & \Lambda_r \end{bmatrix}, \ \Lambda_k = \begin{bmatrix} \lambda_k & 1 & & O \\ & \ddots & \ddots & \\ & & \ddots & 1 \\ O & & & \lambda_k \end{bmatrix}$$

とすると $e^{S_k} = \Lambda_k$ となる行列 S_k が存在するので

$$S = \begin{bmatrix} S_1 & & & O \\ & S_2 & & \\ & & \ddots & \\ O & & & S_r \end{bmatrix}$$

は $e^S = \Lambda$ を満たす. $M = PSP^{-1}$ とすれば

$$e^M = e^{PSP^{-1}} = Pe^S P^{-1} = P\Lambda P^{-1} = L$$

となる. □

定理 3.13 の証明.

$$\frac{dX(t+T)}{dt} = A(t+T)X(t+T) = A(t)X(t+T)$$

より $X(t+T)$ も基本行列であるので, 定理 3.11 より正則な定数行列 P が存在して $X(t+T) = X(t)P$ となる. 補題 3.16 より $e^M = P$ なる行列 M が存在するので

$$\frac{1}{T}M = L, \ F(t) = X(t)e^{-tL}$$

とすると $X(t) = F(t)e^{tL}$ となり, 以下の等式より $F(t)$ が周期関数であることがわかる.

$$\begin{aligned} F(t+T) &= X(t+T)e^{-(t+T)L} = X(t+T)e^{-TL}e^{-tL} \\ &= X(t+T)e^{-M}e^{-tL} = X(t+T)P^{-1}e^{-tL} \\ &= X(t)PP^{-1}e^{-tL} = F(t). \end{aligned}$$

□

注意 3.17. $Y(t)$ を他の基本行列とすると, 正則な定数行列 R が存在して $Y(t) = X(t)R$ となる. $Y(t+T) = Y(t)Q$ とすれば

$$Y(t+T) = X(t+T)R = X(t)PR = Y(t)R^{-1}PR$$

となって $Q = R^{-1}PR$ となることがわかった. このことより, 行列 P は基本行列 $X(t)$ のとり方に依存するが, その固有値は基本行列によらない. P の固有値を**特性乗数**, L の固有値を**特性指数**という.

注意 3.18. $X(t)$ を $X(0) = E$ なる基本行列とすれば,

$$X(t + T) = X(t)X(T)$$

である. なぜなら $X(t + T)$ も $X(t)X(T)$ も基本行列であり, 以下のように両辺の初期値が一致するからである.

$$X(0 + T) = X(T) = EX(T) = X(0)X(T)$$

問題 3.5. 方程式

$$\frac{d\boldsymbol{x}(t)}{dt} = \begin{bmatrix} 1 & 0 \\ \cos t & 2 \end{bmatrix} \boldsymbol{x}(t)$$

の基本行列 $X(t)$ で $X(0) = E$ となるものおよび $X(t + 2\pi) = X(t)P$ となる P さらに $X(t) = F(t)e^{tL}$ かつ $F(t + 2\pi) = F(t)$ となる L と $F(t)$ を求めよ.

3.7 いろいろな方法

変数係数の場合には定数係数の場合と違って, 具体的に解を書き下すのは難しいが, いろいろな工夫によって具体的に解ける例を挙げることにする.

例 3.19. $\qquad (D + p(t))(D + q(t))y = 0$

なる方程式は, まず 1 階線形同次方程式 $y_1' + p(t)y_1 = 0$ の一般解 $y_1(t, C_1)$ を求め, 次に 1 階線形非同次方程式 $y' + q(t)y = y_1(t, C_1)$ の一般解 $y(t, C_1, C_2)$ を求めればよい.

$$(D + p_1(t)) \cdots (D + p_n(t))y = 0$$

なる方程式も, このことを続けて解くことができる.

問題 3.6. $(t - 1)y'' - ty' + y = 0$ の一般解を求めよ.

例 3.20. $p_1, \ldots, p_n$ が定数のとき

$$t^n y^{(n)} + p_1 t^{n-1} y^{(n-1)} + \cdots + p_{n-1} t y' + p_n y = q(t)$$

をオイラー (Euler) の微分方程式という. これは $t = e^s$ とおくと,

$$\frac{dy}{ds} = \frac{dy}{dt}\frac{dt}{ds} = e^s \frac{dy}{dt}$$

より，関係式

$$\frac{dy}{dt} = e^{-s}\frac{dy}{ds}, \quad \frac{d}{dt} = e^{-s}\frac{d}{ds} = e^{-s}D, \ D = \frac{d}{ds}$$

が得られる．関係式 $D(e^{-s}y) = e^{-s}(D-1)y$ を用いると

$$t^k\left(\frac{d}{dt}\right)^k = e^{ks}(e^{-s}D)^k = e^{ks}(e^{-s}D)\cdots(e^{-s}D)$$

$$= (D-k+1)\cdots(D-1)D$$

となってオイラーの微分方程式は変数 s に関する定数係数の微分方程式

$$D(D-1)\cdots(D-n+1)y + p_1 D(D-1)\cdots(D-n+2)y + \cdots$$

$$\cdots + p_{n-1}Dy + p_n y = q(e^s)$$

になるので解くことができる．

例 3.21. $t^2 y'' + aty' + by = 0$ の一般解を求めよ.

$t = e^s$ とおくと

$$D(D-1)y(s) + aDy(s) + by(s) = 0$$

となり，補助方程式は $\lambda(\lambda-1) + a\lambda + b = 0$ となる．これらの解を λ_1, λ_2 とすれば

1) $\lambda_1 \neq \lambda_2$ のとき一般解は $c_1 e^{\lambda_1 s} + c_2 e^{\lambda_2 s}$,

2) $\lambda_1 = \lambda_2 = \lambda$ のとき一般解は $c_1 e^{\lambda s} + c_2 s e^{\lambda s}$

となる．$s = \log t, e^{\lambda s} = (e^s)^\lambda = t^\lambda$ であるから，これらの解を t で表すと

$$c_1 t^{\lambda_1} + c_2 t^{\lambda_2}, \ c_1 t^\lambda + c_2 t^\lambda \log t$$

となる．

もう 1 つの方法として

$$L(y) = t^2 y'' + aty' + by$$

とおいて $y = t^\lambda$ を代入すると

$$L(t^\lambda) = [\lambda(\lambda-1) + a\lambda + b]t^\lambda = f(\lambda)t^\lambda$$

となる. λ が $f(\lambda) = 0$ を満たせば t^λ が解になる. λ が重解のときには 上の式を λ で微分する.

$$L(t^\lambda \log t) = f'(\lambda)t^\lambda + f(\lambda)t^\lambda \log t$$

$f(\lambda) = f'(\lambda) = 0$ となることから $t^\lambda \log t$ が解になることがわかる.

例 3.22. 方程式

$$y'' + p_1(t)y' + p_2(t)y = 0 \tag{3.27}$$

の 1 つの解 $\phi_1 \neq 0$ がわかっているとき (3.19) を ϕ_2 に対する 1 階線形微分方程式

$$\phi_1(t)\phi_2'(t) - \phi_1'(t)\phi_2(t) = W(t) = W(s) \exp\left(-\int_s^t p_1(r)\, dr\right) \tag{3.28}$$

とみる. これの両辺を t で微分してみると

$$\phi_1(t)\phi_2''(t) - \phi_1''(t)\phi_2(t) = -W(s)p_1(t) \exp\left(-\int_s^t p_1(r)\, dr\right)$$

$$= -p_1(t)W(t) = -p_1(t)(\phi_1(t)\phi_2'(t) - \phi_1'(t)\phi_2(t))$$

となり, $\phi_1(t)$ が (3.27) の解なので

$$\phi_1(t)\phi_2''(t) + (p_1(t)\phi_1'(t) + p_2(t)\phi_1(t))\phi_2(t) = -p_1(t)(\phi_1(t)\phi_2'(t) - \phi_1'(t)\phi_2(t))$$

より

$$\phi_1(t)[\phi_2''(t) + p_1(t)\phi_2'(t) + p_2(t)\phi_2(t)] = 0$$

が成立する. したがって, (3.28) の解 $\phi_2(t)$ は (3.27) の解になり, ϕ_1, ϕ_2 は (3.28) を満たすことより $W(s) \neq 0$ のとき 1 次独立であることがわかる. このことを用いて $\phi_1(t)$ と 1 次独立な解 $\phi_2(t)$ を見つけることができる.

例 3.23. 方程式

$$\phi_1(t)\phi_2'(t) - \phi_1'(t)\phi_2(t) = c\exp\left(-\int_s^t p_1(r)\, dr\right)$$

$$= C\exp\left(-\int p_1(t)\, dt\right) \tag{3.29}$$

より. 1 階線形方程式

$$\phi_2'(t) - \frac{\phi_1'(t)}{\phi_1(t)}\phi_2(t) = \frac{C}{\phi_1(t)}\exp\left(-\int p_1(t)\, dt\right)$$

を得る. この一般解は

$$\phi_2(t) = \exp\left(\int \frac{\phi_1'(t)}{\phi_1(t)}\,dt\right)$$

$$\times \left[\int \frac{C}{\phi_1(t)}\exp\left(-\int p_1(t)\,dt\right)\exp\left(-\int \frac{\phi_1'(t)}{\phi_1(t)}\,dt\right)\,dt + D\right]$$

$$= \phi_1(t)\left[\int \frac{C\exp\left(-\int p_1(t)\,dt\right)}{\phi_1(t)^2}\,dt + D\right]$$

となる. これより

$$\phi_1(t)\int \frac{\exp\left(-\int p_1(t)\,dt\right)}{\phi_1(t)^2}\,dt$$

が ϕ_1 と 1 次独立な解である.

例 3.24. $\qquad (1-t^2)y'' - 2ty' + 2y = 0$

は解 $\phi_1(t) = t$ をもつ. $p_1(t) = \dfrac{-2t}{1-t^2}$ だから (3.29) は

$$ty' - y = C\exp\left(\int \frac{2t}{1-t^2}\,dt\right) = C\exp(-[\log(1-t^2)]) = C\frac{1}{1-t^2}$$

となり, 線形方程式

$$y' - \frac{1}{t}y = C\frac{1}{t(1-t^2)}$$

の一般解は (3.6) より,

$$y(t) = e^{\log t}\left(\int \frac{C}{t(1-t^2)}e^{-\log t}\,dt + D\right) = t\left(\int \frac{C}{t^2(1-t^2)}\,dt + D\right)$$

$$= t\left(\int \left(\frac{C}{t^2} + \frac{C}{1-t^2}\right)\,dt + D\right) = t\left(-\frac{C}{t} + \frac{C}{2}\log\left|\frac{1+t}{1-t}\right| + D\right)$$

となる. 結局一般解は

$$y(t) = c_1 t + c_2\left(\frac{t}{2}\log\left|\frac{1+t}{1-t}\right| - 1\right)$$

となる.

問題 3.7. $y'' + ty' + y = 0$ の一般解を求めよ.

例 3.25. ラプラス変換 $Y(s) = L\{y(t)\}$ を用いると方程式

$$ty'' + (2t+1)y' + (t+1)y = 0$$

は

$$-\frac{d}{ds}(s^2 Y(s) - sy(0) - y'(0)) + \left(-2\frac{d}{ds} + 1\right)(sY(s) - y(0)) + \left(-\frac{d}{ds} + 1\right)Y(s) = 0$$

となり

$$(s+1)Y'(s) + Y(s) = 0$$

となる．この方程式の一般解は

$$Y(s) = \frac{C_1}{s+1}, \ y_1(t) = C_1 e^{-t}$$

である．$y_1(t)$ に 1 次独立な解を例 3.24 にならって求めると，

$$e^{-t}y' + e^{-t}y = C_2 \exp\left(-\int\left(2 + \frac{1}{t}\right)dt\right), \ y' + y = C_2\frac{e^{-t}}{t}$$

より解 $y_2(t) = C_2 e^{-t}\log t$ が得られる．$y_2(0)$ が意味がないのでラプラス変換の方法では見つからなかった．もとの方程式の一般解は

$$y(t) = C_1 e^{-t} + C_2 e^{-t}\log t$$

である．

例 3.26. ベッセル (Bessel) の微分方程式

$$t^2 y'' + t y' + (t^2 - \nu^2)y = 0 \ \ (\nu \geq 0)$$

をベッセルの微分方程式という．これを解くのに，解が

$$y = t^\lambda \sum_{k=0}^{\infty} a_k t^k = \sum_{k=0}^{\infty} a_k t^{k+\lambda} \tag{3.30}$$

で表されると仮定して指数 λ と係数 $a_0, a_1, \ldots$ を決定しよう．

$$y' = \sum_{k=0}^{\infty}(k+\lambda)a_k t^{k-1+\lambda}, \ y'' = \sum_{k=0}^{\infty}(k+\lambda)(k-1+\lambda)a_k t^{k-2+\lambda}$$

を微分方程式に代入して

$$0 = \sum_{k=0}^{\infty}[(k+\lambda)(k-1+\lambda) + (k+\lambda) + (t^2 - \nu^2)]a_k t^{k+\lambda}$$

$$= \sum_{k=0}^{\infty}[(k+\lambda)^2 - \nu^2]a_k t^{k+\lambda} + \sum_{k=2}^{\infty} a_{k-2} t^{k+\lambda}$$

$$= [\lambda^2 - \nu^2]a_0 t^\lambda + [(1+\lambda)^2 - \nu^2]a_1 t^{1+\lambda} + \sum_{k=2}^{\infty}\{[(k+\lambda)^2 - \nu^2]a_k + a_{k-2}\}t^{k+\lambda}$$

が得られる. $a_0 t^\lambda$ の係数が 0 という方程式 $\lambda^2 - \nu^2 = 0$ を**決定方程式**といい，これによって λ を決定する．次に方程式

$$[(1+\lambda)^2 - \nu^2]a_1 = 0, \ [(k+\lambda)^2 - \nu^2]a_k + a_{k-2} = 0 \ \ (k \geq 2)$$

により $a_1, a_2, \ldots$ を決定する．

1) $\lambda = \nu$ の場合．$\nu \geq 0$ だから $(1+\lambda)^2 - \nu^2 > 0$ となり $a_1 = 0$ でなければならない．したがって，第 2 式より得られる

$$a_k = -\frac{1}{k(k+2\nu)}a_{k-2}$$

により，

$$a_3 = a_5 = \cdots = a_{2k+1} = \cdots = 0,$$

$$a_2 = -\frac{1}{2(2+2\nu)}a_0, \ a_4 = -\frac{1}{4(4+2\nu)}a_2 = \frac{1}{4 \cdot 2(4+2\nu)(2+2\nu)}a_0, \ldots,$$

$$a_{2k} = (-1)^k \frac{1}{2^{2k}k!(1+\nu)(2+\nu)\cdots(k+\nu)}a_0, \cdots$$

となり

$$y_1(t) = a_0 t^\nu \left[1 + \sum_{k=1}^{\infty} \frac{(-1)^k}{2^{2k}k!(1+\nu)(2+\nu)\cdots(k+\nu)}t^{2k}\right]$$

が解となる．ν が整数 n のとき，$a_0 = 1/(2^n n!)$ とおいた

$$J_n(t) = \sum_{k=0}^{\infty} \frac{(-1)^k}{k!(k+n)!}\left(\frac{t}{2}\right)^{2k+n}$$

を n 次の**第 1 種ベッセル (Bessel) 関数**という．

2) $\lambda = -\nu$ のときにも同様にして

$$y_2(t) = a_0 t^{-\nu} \left[1 + \sum_{k=1}^{\infty} \frac{(-1)^k}{2^{2k}k!(1-\nu)(2-\nu)\cdots(k-\nu)}t^{2k}\right]$$

が得られる．しかし $\nu \geq 0$ が整数のときには $k \geq \nu$ のときには分母が 0 となる項が現れて意味をもたなくなる．

$\nu \geq 0$ が整数でない場合は**ガンマ関数**

$$\Gamma(z) = \int_0^{\infty} e^{-t}t^{z-1}dt, \ z = x + iy \ (x > 0)$$

を用いると

$$\Gamma(z+1) = \int_0^{\infty} e^{-t}t^z dt = \left[-e^{-t}t^z\right]_0^{\infty} + \int_0^{\infty} e^{-t}zt^{z-1}dt = z\Gamma(z)$$

なる性質より, $a_0 = 1/(2^\nu \Gamma(\nu+1))$ とおくと

$$a_{2k} = (-1)^k \frac{1}{2^{2k} k!(1+\nu)(2+\nu)\cdots(k+\nu)} a_0$$

$$= (-1)^k \frac{1}{2^\nu 2^{2k} k! \Gamma(k+\nu+1)}$$

となる. $\Gamma(z)$ は $\operatorname{Re} z > 0$ のときしか定義されていないので関係

$$\frac{1}{\Gamma(z)} = \frac{z}{\Gamma(z+1)} = \frac{z(z+1)}{\Gamma(z+2)} = \cdots$$

を用いて定義域を $\operatorname{Re} z \le 0$ に拡張しておく. そうすると 1 次独立な解

$$J_\nu(t) = \left(\frac{t}{2}\right)^\nu \sum_{k=0}^\infty \frac{(-1)^k}{k! \Gamma(k+\nu+1)} \left(\frac{t}{2}\right)^{2k},$$

$$J_{-\nu}(t) = \left(\frac{t}{2}\right)^{-\nu} \sum_{k=0}^\infty \frac{(-1)^k}{k! \Gamma(k-\nu+1)} \left(\frac{t}{2}\right)^{2k}$$

が得られる. $z = 0, -1, -2, \ldots$ では $1/\Gamma(z) = 0$ となることより自然数 n に対して

$$J_{-n}(t) = \left(\frac{t}{2}\right)^{-n} \sum_{k=n}^\infty \frac{(-1)^k}{k! \Gamma(k-n+1)} \left(\frac{t}{2}\right)^{2k}$$

$$= \left(\frac{t}{2}\right)^{-n} \sum_{p=0}^\infty \frac{(-1)^{p+n}}{(p+n)! \Gamma(p+1)} \left(\frac{t}{2}\right)^{2(p+n)} = (-1)^n J_n(t)$$

となる. そこで**第 2 種ベッセル (Bessel) 関数**

$$Y_\nu(t) = \frac{\cos(\nu\pi) J_\nu(t) - J_{-\nu}(t)}{\sin(\nu\pi)}$$

を導入する. ν が整数 n のときには $Y_n(t) = \lim_{\nu \to n} Y_\nu(t)$ と定義する. そうすれば, これは $J_n(t)$ とは 1 次独立なベッセルの微分方程式の解である. ベッセル関数に対しては以下の式が成立する.

$$\frac{d}{dt}\left[\left(\frac{t}{2}\right)^n J_n(t)\right] = \sum_{k=0}^\infty \frac{(-1)^k}{k!(k+n)!} \frac{d}{dt}\left(\frac{t}{2}\right)^{2(k+n)} = \left(\frac{t}{2}\right)^n J_{n-1}(t),$$

$$\frac{d}{dt}\left[\left(\frac{t}{2}\right)^{-n} J_n(t)\right] = \sum_{k=0}^\infty \frac{(-1)^k}{k!(k+n)!} \frac{d}{dt}\left(\frac{t}{2}\right)^{2k} = -\left(\frac{t}{2}\right)^{-n} J_{n+1}(t).$$

注意 3.27. 方程式 $y'' + p(t)y' + q(t)y = 0$ が (3.30) の形の解をもつためには $tp(t)$ と $t^2 q(t)$ が $t = 0$ で正則でなければならない. また, $p(t)$ と $q(t)$ が $t = 0$ で正則なときには $y = \sum_{k=0}^{\infty} a_k t^k$ を方程式に代入してすべての a_k を決定することができる.

問題 3.8. $y'' + t^2 y + 3ty = 0$ を解け.

演習問題

演習 1　以下の微分方程式の一般解を求めよ.

(1) $\dfrac{d}{dt}\begin{bmatrix} x_1(t) \\ x_2(t) \end{bmatrix} = \begin{bmatrix} t & 0 \\ 1 & t \end{bmatrix}\begin{bmatrix} x_1(t) \\ x_2(t) \end{bmatrix}$　　(2) $\dfrac{d}{dt}\begin{bmatrix} x_1(t) \\ x_2(t) \end{bmatrix} = \begin{bmatrix} 2 & 0 \\ t & 3 \end{bmatrix}\begin{bmatrix} x_1(t) \\ x_2(t) \end{bmatrix}$

(3) $\dfrac{d}{dt}\begin{bmatrix} x_1(t) \\ x_2(t) \end{bmatrix} = \begin{bmatrix} 5 & e^t \\ 0 & 2 \end{bmatrix}\begin{bmatrix} x_1(t) \\ x_2(t) \end{bmatrix}$　　(4) $\dfrac{d}{dt}\begin{bmatrix} x_1(t) \\ x_2(t) \end{bmatrix} = \begin{bmatrix} 3 & \sin t \\ 0 & 1 \end{bmatrix}\begin{bmatrix} x_1(t) \\ x_2(t) \end{bmatrix}$

(5) $\dfrac{d}{dt}\begin{bmatrix} x_1(t) \\ x_2(t) \end{bmatrix} = \begin{bmatrix} \cos t & 0 \\ \sin t & \cos t \end{bmatrix}\begin{bmatrix} x_1(t) \\ x_2(t) \end{bmatrix}$

演習 2　以下の微分方程式の一般解を求めよ.

(1) $t^2 y'' + 5ty' + 4y = 0$　　(2) $t^2 y'' + ty' - y = 0$

(3) $t^3 y''' + 3t^2 y'' + ty' + 8y = 0$

演習 3　以下の微分方程式の一般解を求めよ.

(1) $y'' + 2ty' + t^2 y = 0$ （ヒント $y = e^{-t^2/2} u$ とおく）

(2) $(t+1)y'' + 2ty' - 2y = 0$ （ヒント $y = t$ が 1 つの解である）

(3) $ty'' - (t+3)y' + 3y = 0$ （ヒント $y = e^t$ が 1 つの解である）

(4) $y'' - y' + e^{2t} y = 0$ （ヒント $s = e^t$ とおく）

演習 4　以下の微分方程式をラプラス変換を用いて解け.

(1) $ty'' + (4t - 2)y' + (3t + 2)y = 0,\ y(0) = 0$

(2) $ty'' + (3t - 1)y' + (2t + 1)y = 0,\ y(0) = 0$

4

非線形方程式

　非線形方程式を具体的に解くことは第3章で扱った方程式よりもさらに難しい. そこでここでは具体的には書き下せなくても, とにかく解は存在するという解の存在定理を紹介し, 解が存在したとしてもただ1つしかないという, 解の一意性定理の証明を行う. そこで用いた方法は, 解の初期値の微小変化に対する安定性と方程式自体の微小変化に対する安定性（構造安定性）を証明するのにも用いられる. 解の長時間にわたる振る舞いは, 定数係数線形方程式の場合にはよくわかっている. 変数係数でも係数が周期関数の場合にはフロケの理論に基づいて安定性の議論ができる. 非線形方程式でも線形方程式でうまく近似できる場合には安定性の議論ができるのでこれを用いた非線形方程式の解の長時間にわたる安定性の理論も紹介する. 非線形でも1階の方程式ならば求積法で解けるものもあるので, 章の終わりに紹介した.

4.1 解の存在と一意性

　　　　解の一意性, 初期値への依存性, 構造安定性は,
　　　方程式のリプシッツ連続性とグロンウォールの補題から導かれる.

非線形連立微分方程式

$$\frac{dx_j}{dt} = f_j(t, x_1, \ldots, x_n), \quad (j = 1, \ldots, n) \tag{4.1}$$

を考えよう. n 階単独方程式

$$x^{(n)} = F(t, x, x', \ldots, x^{(n-1)}) \tag{4.2}$$

は $x = x_1$ とおくと連立方程式

$$x_1' = x_2, x_2' = x_3, \ldots, x_n' = F(t, x_1, \ldots, x_n)$$

になる. (4.1) はベクトル記号で

$$\frac{d\boldsymbol{x}}{dt} = \boldsymbol{f}(t, \boldsymbol{x}) \tag{4.3}$$

と書くことができる.

　線形方程式でも変数係数の場合には解を具体的に書き下すことのできる方程式はまれであった. 非線形の場合はさらに難しい. そこで, 具体的には書けないかもしれないがとにかく解はあるという解の存在定理から始めることにする. 証明は少し準備が必要なので付録に与えておいた.

定理 4.1 (存在定理). $\boldsymbol{f}(t, \boldsymbol{x})$ は閉領域

$$D = \{(t, \boldsymbol{x}) \in \boldsymbol{R}^{n+1}; |t - t_0| \leq a, \|\boldsymbol{x} - \boldsymbol{x}_0\| \leq b\}$$

$$(D = \{(t, \boldsymbol{x}) \in \boldsymbol{R} \times \boldsymbol{C}^n; |t - t_0| \leq a, \|\boldsymbol{x} - \boldsymbol{x}_0\| \leq b\})$$

で定義された $\boldsymbol{R}^n$ $(\boldsymbol{C}^n)$ に値をとる連続関数で

$$\|\boldsymbol{f}(t, \boldsymbol{x})\| \leq M \tag{4.4}$$

を満たし, さらに次のリプシッツ (**Lipschitz**) 条件を満たすとする.

リプシッツ条件: D の任意の 2 点 $(t, \boldsymbol{x})$, $(t, \boldsymbol{y})$ に対して不等式

$$\|\boldsymbol{f}(t, \boldsymbol{x}) - \boldsymbol{f}(t, \boldsymbol{y})\| \leq L\|\boldsymbol{x} - \boldsymbol{y}\| \tag{4.5}$$

が成り立つような定数 L が存在する.

　このとき初期条件 $\boldsymbol{x}(t_0) = \boldsymbol{x}_0$ を満足する (4.3) の解が区間

$$|t - t_0| \leq c = \min(a, b/M) \tag{4.6}$$

に存在する.

注意 4.2. 線形方程式に対する $\boldsymbol{f}(t, \boldsymbol{x})$ は $A(t)\boldsymbol{x} + \boldsymbol{b}(t)$ であるので任意の $a, b > 0$ に対して定理 4.1 の条件は満たされる. したがって, 線形方程式に対する解は任意の区間に存在する.

　初期条件を満たす解はあったとしても 1 つしかないという, 一意性定理を証明するのに用いる補題を準備する.

補題 4.3 (グロンウォール (**Gronwall**) の補題). $\phi(t)$ を $[a,b]$ で定義された実数値連続関数とし, $c \in (a,b)$, $L \geq 0$ とする. $K > 0$ に対して

$$0 \leq \phi(t) \leq K + L \left| \int_c^t \phi(s)\,ds \right| \tag{4.7}$$

がすべての $t \in [a,b]$ で成り立っているならば

$$0 \leq \phi(t) \leq K e^{L|t-c|} \tag{4.8}$$

がすべての $t \in [a,b]$ で成り立つ. また

$$0 \leq \phi(t) \leq L \left| \int_c^t \phi(s)\,ds \right| \tag{4.9}$$

がすべての $t \in [a,b]$ で成り立っているならば $[a,b]$ で $\phi(t) = 0$ である.

証明. $t > c$ の場合を証明する. $K + L \int_c^t \phi(s)\,ds > 0$ に注意して (4.7) から

$$\frac{\left(K + L \int_c^t \phi(s)\,ds \right)'}{\left(K + L \int_c^t \phi(s)\,ds \right)} = \frac{L\phi(t)}{K + L \int_c^t \phi(s)\,ds} \leq L.$$

両辺を c から t まで積分すると

$$\log \left(K + L \int_c^t \phi(s)\,ds \right) - \log K \leq L(t-c),$$

$$K + L \int_c^t \phi(s)\,ds \leq K e^{L(t-c)}$$

を得るから (4.7) を用いると (4.8) を得る. (4.9) が成り立っていると任意の $K > 0$ に対して (4.7) が成り立つから (4.8) が成り立つ. $K \to 0$ の極限をとれば $\phi(t) = 0$ となる. $t < c$ の場合も同じようにして証明できる. $\qquad \square$

定理 4.4 (一意性定理). 関数 $\boldsymbol{f}(t, \boldsymbol{x})$ は連続でリプシッツ条件 (4.5) を満たすとする. 区間 $(t_0 - a, t_0 + a)$ で定義された 2 つのベクトル値関数 $\boldsymbol{x}_1(t)$, $\boldsymbol{x}_2(t)$ が $\boldsymbol{x}_1(t_0) = \boldsymbol{x}_2(t_0) = \boldsymbol{x}_0$ を満たす (4.3) の解であれば, $(t_0 - a, t_0 + a)$ 上で $\boldsymbol{x}_1(t) = \boldsymbol{x}_2(t)$ である.

証明. $$\boldsymbol{x}_1'(t) - \boldsymbol{x}_2'(t) = \boldsymbol{f}(t, \boldsymbol{x}_1(t)) - \boldsymbol{f}(t, \boldsymbol{x}_2(t))$$

を t_0 から t まで積分して

$$x_1(t) - x_2(t) = \int_{t_0}^{t} [f(s, x_1(s)) - f(s, x_2(s))]\, ds.$$

そこで $\phi(t) = \|x_1(t) - x_2(t)\|$ とおいてリプシッツ条件を用いれば

$$0 \le \phi(t) \le \left| \int_{t_0}^{t} \|f(s, x_1(s)) - f(s, x_2(s))\|\, ds \right| \le L \left| \int_{t_0}^{t} \phi(s)\, ds \right|$$

となり，補題 4.3 により $\phi(t) = 0$ となる．ここで用いた不等式

$$\left\| \int_a^b g(t)\, dt \right\| \le \int_a^b \|g(t)\|\, dt$$

は補題 A.3 でリーマン和に関する不等式から示される． $\qquad\square$

注意 4.5. 単独高階方程式 (4.2) は連立方程式 (4.3) に書き直されるので，F がリプシッツ条件

$$|F(t, x_1, \ldots, x_n) - F(t, y_1, \ldots, y_n)| \le L\|x - y\|$$

を満たせば f もリプシッツ条件

$$\|f(t, x) - f(t, y)\|^2 = \sum_{k=2}^{n} |x_k - y_k|^2$$

$$+ |F(t, x_1, \ldots, x_n) - F(t, y_1, \ldots, y_n)|^2 \le (1 + L^2)\|x - y\|^2$$

を満たすので (4.2) の初期値問題の解の存在と一意性も示されたことになる．

注意 4.6. ベクトル x と行列 A に対して

$$\|Ax\| \le \|A\|\|x\|$$

が成立するから，線形方程式 (3.22) に対しては $f(t, x) = A(t)x + b(t)$ がリプシッツ条件を満たし，したがって，初期値問題の解の存在と一意性が示される．線形単独高階方程式 (3.7) は連立方程式に書き直されるので解の存在と一意性が証明される．

注意 4.7. 定理 4.1 によると初期条件 $x(t_0) = x_0$ を満たす (4.3) の解が $t_0 - c \le t \le t_0 + c$ で一意的に存在する．そこで $t_1 = t_0 + c$ とおき $x_1 = x(t_1)$ とおく．もし $f(t, x)$ が $D_1 = \{(t, x) \in \boldsymbol{R} \times \boldsymbol{C}^n; |t - t_1| \le a_1, \|x - x_1\| \le b_1\}$ で定理 4.1 の条件を満たすなら，初期条件 $x(t_1) = x_1$ を満たす (4.3) の解が $t_1 - c_1 \le t \le t_1 + c_1$ で一意的に存在することになる．このことは，初期条件 $x(t_0) = x_0$ を満たす解が 定理 4.1 で保証された範囲よりさらに広い範囲

$t_0 - c \le t \le t_0 + c + c_1$ で存在することを示している. このようにして解の定義域を広げることを, **解を接続する**という. この手続きを次々に繰り返して, 可能な限り定義域を広げてしまった解を**延長不能な解**という. 線形方程式の解は $\boldsymbol{R}$ 全体に接続される.

最後に解の初期値への依存性と構造安定性に関する定理を述べる.

定理 4.8 (初期値への依存性). 関数 $\boldsymbol{f}(t, \boldsymbol{x})$ は連続でリプシッツ条件 (4.5) を満たすとする. 区間 $(t_0 - a, t_0 + a)$ で定義された 2 つのベクトル値関数 $\boldsymbol{x}_1(t)$, $\boldsymbol{x}_2(t)$ が (4.3) の解であれば, $(t_0 - a, t_0 + a)$ 上で次の不等式が成り立つ.

$$\|\boldsymbol{x}_1(t) - \boldsymbol{x}_2(t)\| \le \|\boldsymbol{x}_1(t_0) - \boldsymbol{x}_2(t_0)\| e^{L|t - t_0|}$$

証明. $\qquad \boldsymbol{x}_1'(t) - \boldsymbol{x}_2'(t) = \boldsymbol{f}(t, \boldsymbol{x}_1(t)) - \boldsymbol{f}(t, \boldsymbol{x}_2(t))$

を t_0 から t まで積分して得られる

$$\boldsymbol{x}_1(t) - \boldsymbol{x}_2(t) - (\boldsymbol{x}_1(t_0) - \boldsymbol{x}_2(t_0)) = \int_{t_0}^{t} [\boldsymbol{f}(s, \boldsymbol{x}_1(s)) - \boldsymbol{f}(s, \boldsymbol{x}_2(s))] \, ds$$

に対して $\phi(t) = \|\boldsymbol{x}_1(t) - \boldsymbol{x}_2(t)\|$ とおいてリプシッツ条件を用いれば

$$0 \le \phi(t) = \left\| \int_{t_0}^{t} [\boldsymbol{f}(s, \boldsymbol{x}_1(s)) - \boldsymbol{f}(s, \boldsymbol{x}_2(s))] \, ds + \boldsymbol{x}_1(t_0) - \boldsymbol{x}_2(t_0) \right\|$$

$$\le L \left| \int_{t_0}^{t} \phi(s) \, ds \right| + \|\boldsymbol{x}_1(t_0) - \boldsymbol{x}_2(t_0)\|$$

となり, $K = \|\boldsymbol{x}_1(t_0) - \boldsymbol{x}_2(t_0)\|$ とおけば補題 4.3 により求める不等式が得られる. $\qquad\qquad\square$

定理 4.9 (構造安定性). 関数 $\boldsymbol{f}_1(t, \boldsymbol{x})$, $\boldsymbol{f}_2(t, \boldsymbol{x})$ は連続でリプシッツ条件 (4.5) を満たし, さらに $\|\boldsymbol{f}_1(t, \boldsymbol{x}) - \boldsymbol{f}_2(t, \boldsymbol{x})\| < \varepsilon$ とする. 区間 $(t_0 - a, t_0 + a)$ で定義された 2 つのベクトル値関数 $\boldsymbol{x}_1(t)$, $\boldsymbol{x}_2(t)$ が $\boldsymbol{x}_1(t_0) = \boldsymbol{x}_2(t_0) = \boldsymbol{x}_0$ を満たす

$$\frac{d\boldsymbol{x}_j}{dt} = \boldsymbol{f}_j(t, \boldsymbol{x}_j), \ (j = 1, 2)$$

の解であれば, $(t_0 - a, t_0 + a)$ 上で次の不等式を満たす.

$$\|\boldsymbol{x}_1(t) - \boldsymbol{x}_2(t)\| \le \varepsilon a e^{L|t - t_0|}.$$

証明.
$$\bm{x}_1'(t) - \bm{x}_2'(t) = \bm{f}_1(t, \bm{x}_1(t)) - \bm{f}_2(t, \bm{x}_2(t))$$

を t_0 から t まで積分して得られる

$$\bm{x}_1(t) - \bm{x}_2(t) = \int_{t_0}^t [\bm{f}_1(s, \bm{x}_1(s)) - \bm{f}_2(s, \bm{x}_2(s))]\, ds$$

に対して $\phi(t) = \|\bm{x}_1(t) - \bm{x}_2(t)\|$ とおけば

$$0 \le \phi(t) \le \left| \int_{t_0}^t \|\bm{f}_1(s, \bm{x}_1(s)) - \bm{f}_2(s, \bm{x}_2(s))\|\, ds \right|$$

$$= \left| \int_{t_0}^t \|\bm{f}_1(s, \bm{x}_1(s)) - \bm{f}_1(s, \bm{x}_2(s)) + \bm{f}_1(s, \bm{x}_2(s)) - \bm{f}_2(s, \bm{x}_2(s))\|\, ds \right|$$

$$\le \left| \int_{t_0}^t \|\bm{f}_1(s, \bm{x}_1(s)) - \bm{f}_1(s, \bm{x}_2(s))\|\, ds \right|$$

$$+ \left| \int_{t_0}^t \|\bm{f}_1(s, \bm{x}_2(s)) - \bm{f}_2(s, \bm{x}_2(s))\|\, ds \right| \le L \left| \int_{t_0}^t \phi(s)\, ds \right| + \varepsilon a$$

となり，$K = \varepsilon a$ とおけば補題 4.3 により求める不等式が得られる．　　　□

　解の初期値への連続的依存性というのは t_0 における 2 つの初期値が十分近くさえあれば，限定された区間 $(t_0 - a, t_0 + a)$ 上の 2 つの解はわずかしか違わないことを意味し，**構造安定性**というのは右辺の $\bm{f}$ の小さな変化が解の小さな変化しかもたらさないことを意味する．初期値や $\bm{f}$ の決定には誤差がつきものだからこのことは重要なことである．

注意 4.10. 定理 4.1, 4.4, 4.8, 4.9 では，微分方程式 (4.3) と積分方程式

$$\bm{x}(t) = \bm{x}_0 + \int_{t_0}^t \bm{f}(s, \bm{x}(s))\, ds \tag{4.10}$$

が同値であるということでもっぱら (4.10) を用いてきた．この同値性は等式

$$\frac{d}{dt} \int_{t_0}^t \bm{f}(s, \bm{x}(s))\, ds = \bm{f}(t, \bm{x}(t))$$

を根拠にしており，このために $\bm{f}(t, \bm{x})$ の連続性を仮定したのであった．しかし (4.10) だけを考えるならば $\bm{f}(t, \bm{x})$ の連続性は必ずしも必要なくて，連続な $\bm{x}(t)$ に対して

$$\int_{t_0}^t \bm{f}(s, \bm{x}(s))\, ds$$

が定義されるようなものであればよい. たとえば

$$\boldsymbol{f}(t, \boldsymbol{x}) = A(t)\boldsymbol{x},\ \|A(t)\| \leq L$$

で $A(t)$ は区分的に連続であるものである. このような $\boldsymbol{f}(t, \boldsymbol{x})$ に対する (4.10) の解を (4.3) の**一般化された解**であるということもある. 一般化された解に対しても解の存在と一意性の定理や初期値や右辺 $\boldsymbol{f}(t, \boldsymbol{x})$ への依存性定理は成立する. それはこれらの定理が積分方程式 (4.10) に対して証明されているからである.

4.2　解の安定性

　非線形方程式は解を書き下すのが難しく, 多くの場合計算機による数値解に頼らざるを得ない. しかし数値解は解の長時間にわたる挙動についてはごくわずかなことを述べる力しかもたない. 以下ではこのような挙動に関することを考察する.

定義 4.11. 点 $\boldsymbol{a}$ は $\boldsymbol{f}(t, \boldsymbol{a}) = 0$ がすべての t に対して成立するとき, 方程式 (4.3) の**平衡点**と呼ばれ, このとき $\boldsymbol{x}(t) = \boldsymbol{a}$ は (4.3) の解になるので, **平衡解**と呼ばれる.

定義 4.12. 方程式 (4.3) の平衡点 $\boldsymbol{a}$ (平衡解 $\boldsymbol{x}(t) = \boldsymbol{a}$) は

a) 任意の $\varepsilon > 0$ に対して

　$\|\boldsymbol{x}(0) - \boldsymbol{a}\| < \delta$ ならばすべての $t > 0$ に対して $\|\boldsymbol{x}(t) - \boldsymbol{a}\| < \varepsilon$

を満たすような $\delta > 0$ が存在するとき**安定**であるという.

b) $\|\boldsymbol{x}(0) - \boldsymbol{a}\| < \delta$ ならば $\displaystyle\lim_{t \to \infty} \|\boldsymbol{x}(t) - \boldsymbol{a}\| = 0$

を満たすような $\delta > 0$ が存在するとき**漸近安定**であるという.

c) 安定でも漸近安定でもないとき, **不安定**であるという.

　定数係数線形方程式系

$$\frac{d\boldsymbol{x}(t)}{dt} = A\boldsymbol{x}(t)$$

に関する安定性は次の定理が示すように行列 A の固有値によって決定される.

定理 4.13 (**定数係数線形系に対する安定性定理**). A の固有値を $\lambda_1, \ldots, \lambda_r$ とする. 平衡解 $\boldsymbol{x}(t) = \boldsymbol{0}$ は

a) すべての j について $\mathrm{Re}\,\lambda_j < 0$ ならば安定かつ漸近安定である.

b) すべての j について $\operatorname{Re}\lambda_j \leq 0$ であり，$\operatorname{Re}\lambda_j = 0$ なる場合は λ_j の重複度とその固有空間の次元が等しいならば安定である.

c) 固有値 λ_j が a), b) どちらの条件も満たさなければ不安定である.

証明. a) $\operatorname{Re}\lambda_j < 0$ ならば任意の自然数 n に対して，$t \to \infty$ のとき $|t^n e^{\lambda_j t}| = |t^n| e^{\operatorname{Re}\lambda_j t} \to 0$ だから，定理 2.3 より明らか.

b) $\operatorname{Re}\lambda_j = 0$ なる λ_j に対しては，一般固有ベクトルはすべて固有ベクトル（高さ 1 の一般固有ベクトル）だから，定理 2.3 より明らか.

c) 条件 a) を満たさないから，$\operatorname{Re}\lambda_j > 0$ なる λ_j が存在するかさもなければ $\operatorname{Re}\lambda_j = 0$ となる λ_j が存在する．$\operatorname{Re}\lambda_j > 0$ なるときには $|e^{\lambda_j t}| = e^{\operatorname{Re}\lambda_j t} \to \infty$ より不安定であることがわかり，そうでないときには条件 b) を満たさないことから，λ_j に対応する高さ $\ell \geq 2$ の一般固有ベクトルが $\boldsymbol{u}$ が存在する．$|t^{\ell-1} e^{\lambda_j t}| = |t^{\ell-1}| \to \infty$ より不安定であることがわかる. $\square$

問題 4.1. $A = \begin{bmatrix} 0 & 1 \\ 2 & -1 \end{bmatrix}$ に対する微分方程式 $\dfrac{d\boldsymbol{x}(t)}{dt} = A\boldsymbol{x}(t)$ の平衡解 $\boldsymbol{x}(t) = \boldsymbol{0}$ の安定性を調べよ.

　変数係数の線形方程式系については次のような判定方法がある．まず n 次元実ベクトル空間 $\boldsymbol{R}^n$ に内積 $\langle \boldsymbol{x}, \boldsymbol{y} \rangle = \sum_{i=1}^{n} x_i y_i$ を定義する．このとき

$$\frac{d}{dt}\langle \boldsymbol{x}(t), \boldsymbol{y}(t) \rangle = \left\langle \frac{d\boldsymbol{x}(t)}{dt}, \boldsymbol{y}(t) \right\rangle + \left\langle \boldsymbol{x}(t), \frac{d\boldsymbol{y}(t)}{dt} \right\rangle$$

が普通の関数に対する積の微分法の公式の証明と同様に証明される.

命題 4.14. 任意の t および任意の $\boldsymbol{x}$ に対し $\langle \boldsymbol{x}, A(t)\boldsymbol{x} \rangle \leq 0$ が成り立つならば微分方程式

$$\frac{d\boldsymbol{x}(t)}{dt} = A(t)\boldsymbol{x}(t)$$

の零解（平衡解 $\boldsymbol{x}(t) = \boldsymbol{0}$）は安定であり，またある正数 α に対して $\langle \boldsymbol{x}, A(t)\boldsymbol{x} \rangle \leq -\alpha\|\boldsymbol{x}\|^2$ が成り立つならば漸近安定である.

証明.
$$\frac{d}{dt}\|\boldsymbol{x}(t)\|^2 = \frac{d}{dt}\langle \boldsymbol{x}(t), \boldsymbol{x}(t) \rangle = 2\left\langle \boldsymbol{x}(t), \frac{d\boldsymbol{x}(t)}{dt} \right\rangle$$
$$= 2\langle \boldsymbol{x}(t), A(t)\boldsymbol{x}(t) \rangle \leq -2\alpha\|\boldsymbol{x}(t)\|^2$$

より
$$\frac{d}{dt}\log\|\boldsymbol{x}(t)\|^2 \le -2\alpha$$
が従い，この両辺を 0 から t まで積分して
$$\log\|\boldsymbol{x}(t)\|^2 - \log\|\boldsymbol{x}(0)\|^2 \le -2\alpha t$$
を得る．これより $\|\boldsymbol{x}(t)\| \le e^{-\alpha t}\|\boldsymbol{x}(0)\|$ が従い，$\alpha > 0$ のときには漸近安定，$\alpha = 0$ のときには安定であることがわかる． $\square$

注意 4.15. 微分方程式の零解が安定であるためには $\langle \boldsymbol{x}, A(t)\boldsymbol{x}\rangle \le 0$ が必要というわけではない．実際
$$A(t) = A = \begin{bmatrix} 1 & 2 \\ -2 & -2 \end{bmatrix}$$
は $\langle \boldsymbol{x}, A(t)\boldsymbol{x}\rangle = x_1^2 - 2x_2^2$ だから $\langle \boldsymbol{x}, A(t)\boldsymbol{x}\rangle \le 0$ とはならないが
$$|A - \lambda E| = \lambda^2 + \lambda + 2 = 0$$
の解の実数部分は負だから零解は安定である．

問題 4.2.
$$A(t) = \begin{bmatrix} -t^2 & t^3 \\ t^3 & -2t^4 \end{bmatrix}$$
に対する微分方程式 $\dfrac{d\boldsymbol{x}(t)}{dt} = A(t)\boldsymbol{x}(t)$ の平衡解 $\boldsymbol{x}(t) = \boldsymbol{0}$ の安定性を調べよ．

周期 T の周期関数 $A(t)$ を係数にもつ線形方程式系の基本行列 $X(t)$ は定理 3.13 より周期 T をもつ行列 $F(t)$ と定数行列 L によって
$$X(t) = F(t)e^{tL}$$
と表されるので，$A(t)$ の固有値ではなく L の固有値によって解の安定性は決まる．

$a(t)$ を周期 2π をもつ実数値関数とする．**ヒル (Hill) の方程式**と呼ばれる
$$\frac{d^2x(t)}{dt^2} = a(t)x(t),\ a(t) = a(t+2\pi)$$
の解 $x(t) = 0$ の安定性を調べてみよう．この方程式は次の方程式系に書き直

される.

$$\frac{d\boldsymbol{x}(t)}{dt} = A(t)\boldsymbol{x}(t), \ A(t) = \begin{bmatrix} 0 & 1 \\ a(t) & 0 \end{bmatrix}. \tag{4.11}$$

$X(t)$ を $X(0) = E$ なる (4.11) の基本行列とすれば注意 3.17, 3.18 より行列 $X(2\pi)$ の固有値 ρ が特性乗数である. ρ の満たす方程式は

$$\det(X(2\pi) - \rho E) = \rho^2 - \operatorname{Tr} X(2\pi)\rho + \det X(2\pi) = 0$$

である. $\operatorname{Tr} A(t) = 0$ であるので定理 3.7 より

$$\det X(2\pi) = \det X(0) e^{\int_0^{2\pi} \operatorname{Tr} A(t)\, dt} = \det E = 1$$

となるから, ρ は結局

$$\rho^2 - \operatorname{Tr} X(2\pi)\rho + 1 = 0$$

を満たす.

定理 4.16. $|\operatorname{Tr} X(2\pi)| < 2$ ならば安定で $|\operatorname{Tr} X(2\pi)| > 2$ ならば不安定である.

証明. $|\operatorname{Tr} X(2\pi)| > 2$ のときは方程式は $|\rho_1| < 1 < |\rho_2|$ なる解をもつので, 特性指数が $\lambda_2 = (2\pi)^{-1} \log |\rho_2| > 0$ または $\lambda_2 = (2\pi)^{-1} \log |\rho_2| + i/2$ となり実部は正なので不安定であることがわかる. $|\operatorname{Tr} X(2\pi)| < 2$ のときには α を実数として $\rho = e^{\pm i\alpha}$ が特性乗数で, $\pm i\alpha/2\pi$ が特性指数なので安定である. $\qquad\square$

非線形方程式に対しては以下の定理が成り立つ.

定理 4.17. $\boldsymbol{f}(\boldsymbol{x})$ は $\{\boldsymbol{x} \in \boldsymbol{R}^n; \|\boldsymbol{x}\| \le 2b\}$ で定義された $\boldsymbol{R}^n$ に値をとる関数で, リプシッツ条件を満たし $\boldsymbol{f}(\boldsymbol{0}) = \boldsymbol{0}, \|\boldsymbol{f}(\boldsymbol{x})\| \le M$ とする. このとき

$$\frac{d}{dt}\boldsymbol{x}(t) = \boldsymbol{f}(\boldsymbol{x}(t)) \tag{4.12}$$

の平衡解 $\boldsymbol{x}(t) = \boldsymbol{0}$ は次の条件を満たす C^1 級（連続微分可能）関数 $V(\boldsymbol{x})$ が $\boldsymbol{x} = \boldsymbol{0}$ の近傍で存在すれば漸近安定である.

(i) $V(\boldsymbol{0}) = 0, V(\boldsymbol{x}) > 0 \ (\boldsymbol{x} \ne \boldsymbol{0})$,

(ii) $\dot{V}(\boldsymbol{x}) = \displaystyle\sum_{i=1}^n \frac{\partial V(\boldsymbol{x})}{\partial x_i} f_i(\boldsymbol{x}) < 0 \ (\boldsymbol{x} \ne \boldsymbol{0})$.

証明. まず $\|\boldsymbol{x}_0\| \leq \delta$ ならば $\boldsymbol{x}(0) = \boldsymbol{x}_0$ となる解が $0 \leq t < \infty$ で存在することを示す. それには「$V(\boldsymbol{x}) \leq c$ ならば $\|\boldsymbol{x}\| \leq b$」が成立するように $c > 0$ を選び, さらにこの c に対して「$\|\boldsymbol{x}\| \leq \varepsilon$ ならば $V(\boldsymbol{x}) \leq c$」となるように $\varepsilon > 0$ を選んで $\delta = \min(\varepsilon, b)$ とおく. $\|\boldsymbol{x}_0\| \leq \delta$ ならば $\|\boldsymbol{x} - \boldsymbol{x}_0\| \leq b$ なる $\boldsymbol{x}$ は $\|\boldsymbol{x}\| \leq 2b$ を満たすので, 定理 4.1 より $\boldsymbol{x}(0) = \boldsymbol{x}_0$ となる解 $\boldsymbol{x}(t)$ が $|t| \leq b/M$ で存在する.

$$\frac{dV(\boldsymbol{x}(t))}{dt} = \sum_{i=1}^{n} \frac{\partial V(\boldsymbol{x}(t))}{\partial x_i} \frac{dx_i(t)}{dt} = \sum_{i=1}^{n} \frac{\partial V(\boldsymbol{x}(t))}{\partial x_i} f_i(\boldsymbol{x}) = \dot{V}(\boldsymbol{x}(t)) < 0$$

より $V(\boldsymbol{x}(t)) < V(\boldsymbol{x}(0)) \leq c$ となって $\|\boldsymbol{x}(t)\| \leq b$ となる. そこでまた $\boldsymbol{x}(b/M)$ を初期値とする解が $|t - b/M| \leq b/M$ で存在し, $V(\boldsymbol{x}(t)) < c$ となる. これを続けて解は $0 \leq t < \infty$ まで延長される. $V(\boldsymbol{x}(t)) \geq 0$ は単調減少なので $\lim_{t \to \infty} V(\boldsymbol{x}(t)) = a > 0$ とすると $\lim_{t \to \infty} dV(\boldsymbol{x}(t))/dt = 0$ となるから $V(\boldsymbol{x}) = a$ 上では $\dot{V}(\boldsymbol{x}) = 0$ となるが, $\boldsymbol{x} \neq \boldsymbol{0}$ なので (ii) に反する. したがって, $\lim_{t \to \infty} V(\boldsymbol{x}(t)) = 0$ となり $\lim_{t \to \infty} \boldsymbol{x}(t) = \boldsymbol{0}$ となることより漸近安定であることがわかる. □

定義 4.18. 上の定理の条件 (i), (ii) を満たす関数をリヤプノフ (**Lyapunov**) 関数という.

定理 4.19. 次の条件を満たす C^1 級関数 $V(\boldsymbol{x})$ が存在すれば, 方程式 (4.12) の平衡解 $\boldsymbol{x}(t) = \boldsymbol{0}$ は不安定である.

(i) $V(\boldsymbol{0}) = 0$ かつ $\boldsymbol{0}$ のどんな近くにも $V(\boldsymbol{x}) > 0$ となる点 $\boldsymbol{x}$ がある,

(ii) $\dot{V}(\boldsymbol{x}) > 0$ $(\boldsymbol{x} \neq \boldsymbol{0})$.

証明. $K = \max_{\|\boldsymbol{x}\| \leq b} V(\boldsymbol{x})$ とおく. $\boldsymbol{x} = \boldsymbol{0}$ のどんな近傍をとっても, その中に $V(\boldsymbol{x}_0) > 0$ となる $\boldsymbol{x}_0$ があるので, それを初期値とする解 $\boldsymbol{x}(t)$ を考える. $\boldsymbol{x}(t) \neq \boldsymbol{0}$ ならば $\dot{V}(\boldsymbol{x}(t)) > 0$ なので $V(\boldsymbol{x}(t))$ は増加関数. したがって, $\boldsymbol{x}(t)$ は $\boldsymbol{0}$ には近づけず, $\boldsymbol{x}(t)$ が有界な範囲を動くとき $\dot{V}(\boldsymbol{x}(t)) \geq m > 0$ である. したがって, $V(\boldsymbol{x}(t))$ はそこで真の増加関数なので, 有限な t において $V(\boldsymbol{x}(t)) > K$ となって $\|\boldsymbol{x}(t)\| > b$ となる. このことより $\boldsymbol{x}(t) = \boldsymbol{0}$ は不安定である. □

定理 4.20. $A \in \mathbb{R}^{n \times n}$ を $n \times n$ 行列とし, $\mathbf{g}(\mathbf{x})$ を $\mathbf{0} \in \mathbb{R}^n$ の近傍で定義された $\mathbb{R}^n$ に値をとる**リプシッツ (Lipschitz) 連続**な（リプシッツ条件から連続性が従うので, リプシッツ条件を満たす関数をリプシッツ連続な関数という）ベクトル値関数で, $\mathbf{g}(\mathbf{0}) = \mathbf{0}$ かつ $\lim\limits_{\mathbf{x} \to \mathbf{0}} \|\mathbf{g}(\mathbf{x})\|/\|\mathbf{x}\| = 0$ とする. このとき

$$\frac{d}{dt}\mathbf{x}(t) = A\mathbf{x}(t) + \mathbf{g}(\mathbf{x}(t)) \tag{4.13}$$

の平衡点 $\mathbf{0}$ に対して

1) A のどの固有値 λ に対しても $\mathrm{Re}\,\lambda < 0$ ならば $\mathbf{0}$ は漸近安定である.

2) A のある固有値 λ に対して $\mathrm{Re}\,\lambda > 0$ ならば $\mathbf{0}$ は不安定である.

証明. 1) 定理 4.17 の条件を満たすリヤプノフ関数 $V(\mathbf{x})$ の存在を示せばよい. それには行列 B を

$$B = \int_0^\infty {}^t(e^{\tau A})e^{\tau A}\, d\tau$$

と定義し, $V(\mathbf{x}) = {}^t\mathbf{x}B\mathbf{x}$ とする. この積分が収束することは, すべての固有値 λ が $\mathrm{Re}\,\lambda < 0$ であることより従う. ${}^tB = B$ となるのも定義からすぐわかる. 定理 4.17 の条件 (i) は

$${}^t\mathbf{x}B\mathbf{x} = \int_0^\infty {}^t\mathbf{x}\,{}^t(e^{\tau A})e^{\tau A}\mathbf{x}\, d\tau = \int_0^\infty \|e^{\tau A}\mathbf{x}\|^2\, d\tau \geq 0$$

と, 等号が成立するのは $e^{\tau A}\mathbf{x} = \mathbf{0}$ つまり $\mathbf{x} = \mathbf{0}$ であることからわかる. (ii) はまず

$$
\begin{aligned}
{}^tAB + BA &= \int_0^\infty \{ {}^tA\,{}^t(e^{\tau A})e^{\tau A} + {}^t(e^{\tau A})e^{\tau A}A \}\, d\tau \\
&= \int_0^\infty \left\{ \frac{d\,{}^t(e^{\tau A})}{d\tau}e^{\tau A} + {}^t(e^{\tau A})\frac{de^{\tau A}}{d\tau} \right\}\, d\tau \\
&= \int_0^\infty \frac{d}{d\tau}\{ {}^t(e^{\tau A})e^{\tau A} \}\, d\tau = \left[{}^t(e^{\tau A})e^{\tau A} \right]_0^\infty = -E,
\end{aligned}
$$

$$\frac{\partial V(\mathbf{x})}{\partial x_i} = \frac{\partial}{\partial x_i}\left(\sum_{j,k=1}^n x_j B_{jk} x_k \right) = 2\sum_{j=1}^n x_j B_{ji}$$

となることに注意すると

$$
\begin{aligned}
\dot{V}(\mathbf{x}) &= 2\,{}^t\mathbf{x}B \cdot (A\mathbf{x} + \mathbf{g}(\mathbf{x})) = 2\,{}^t\mathbf{x}BA\mathbf{x} + 2\,{}^t\mathbf{x}B\mathbf{g}(\mathbf{x}) \\
&= {}^t\mathbf{x}({}^tAB + BA)\mathbf{x} + 2\,{}^t\mathbf{x}B\mathbf{g}(\mathbf{x}) = -\|\mathbf{x}\|^2 + 2\,{}^t\mathbf{x}B\mathbf{g}(\mathbf{x})
\end{aligned}
$$

となることがわかる. ここで $^t\boldsymbol{x}BA\boldsymbol{x} = {}^t({}^t\boldsymbol{x}BA\boldsymbol{x}) = {}^t\boldsymbol{x}\,{}^tA\,{}^tB\boldsymbol{x} = {}^t\boldsymbol{x}\,{}^tAB\boldsymbol{x}$ を用いた. 条件 $\lim_{\boldsymbol{x}\to\boldsymbol{0}}\|\boldsymbol{g}(\boldsymbol{x})\|/\|\boldsymbol{x}\| = 0$ より, $^t\boldsymbol{x}B\boldsymbol{g}(\boldsymbol{x})$ は $\boldsymbol{x} = \boldsymbol{0}$ の近傍では十分小さくなり $\dot{V}(\boldsymbol{x})$ の符号は $-\|\boldsymbol{x}\|^2$ の符号と同じ, つまり負になり (ii) が成立する.

2) も定理 4.19 の条件を満たす関数 $V(\boldsymbol{x})$ を構成して証明することができるが省略する (p.151 の関連図書 [4] に証明がある). □

この定理は非線形項 $\boldsymbol{g}(\boldsymbol{x})$ が線形項 $A\boldsymbol{x}$ に比べて小さい $\big(\lim_{\boldsymbol{x}\to\boldsymbol{0}}\|\boldsymbol{g}(\boldsymbol{x})\|/\|\boldsymbol{x}\| = 0\big)$ ときには, 安定性は線形項で決まるということを主張している.

注意 4.21. 定理の $\boldsymbol{g}(\boldsymbol{x})$ が t を含んだ関数 $\boldsymbol{g}(t,\boldsymbol{x})$ に置き換わった場合でも, t に関して一様に $\lim_{\boldsymbol{x}\to\boldsymbol{0}}\|\boldsymbol{g}(t,\boldsymbol{x})\|/\|\boldsymbol{x}\| = 0$ つまり

$$\lim_{\boldsymbol{x}\to\boldsymbol{0}}\sup_{t\in\boldsymbol{R}}\frac{\|\boldsymbol{g}(t,\boldsymbol{x})\|}{\|\boldsymbol{x}\|} = 0$$

となることを仮定すると, 定理は証明される.

定理 4.22. U を $\boldsymbol{0}\in\boldsymbol{R}^n$ の近傍とする. 方程式

$$\frac{d}{dt}\boldsymbol{x}(t) = A(t)\boldsymbol{x}(t) + \boldsymbol{g}(t,\boldsymbol{x}(t)) \tag{4.14}$$

において, $A(t)\in\boldsymbol{R}^{n\times n}$ は $A(t+T) = A(t)$ を満たし, $\boldsymbol{g}(t,\boldsymbol{x})$ は $\boldsymbol{R}\times U$ で定義された $\boldsymbol{R}^n$ に値をとるリプシッツ連続なベクトル値関数で, $\boldsymbol{g}(t,\boldsymbol{0}) = \boldsymbol{0}$ かつ t に関して一様に $\lim_{\boldsymbol{x}\to\boldsymbol{0}}\|\boldsymbol{g}(t,\boldsymbol{x})\|/\|\boldsymbol{x}\| = 0$ とする. このとき

$$\frac{d}{dt}\boldsymbol{x}(t) = A(t)\boldsymbol{x}(t) \tag{4.15}$$

の特性指数を λ とすれば

1) すべての λ に対して $\mathrm{Re}\,\lambda < 0$ ならば (4.14) の零解は漸近安定である.

2) ある λ に対して $\mathrm{Re}\,\lambda > 0$ ならば (4.14) の零解は不安定である.

証明. 定理 3.13 により (4.15) の基本行列 $X(t)$ は周期 T をもつ行列 $F(t)$ と定数行列 L によって $X(t) = F(t)e^{tL}$ と書ける. そして L の固有値が特性指数であった. $\boldsymbol{x}(t) = F(t)\boldsymbol{y}(t)$ とおくと

$$\frac{dF(t)}{dt}\boldsymbol{y}(t) + F(t)\frac{d\boldsymbol{y}(t)}{dt} = \frac{d\boldsymbol{x}(t)}{dt} = A(t)F(t)\boldsymbol{y}(t) + \boldsymbol{g}(t,F(t)\boldsymbol{y}(t))$$

が得られ，これに $dX(t)/dt = A(t)X(t)$ より得られる

$$\frac{dF(t)}{dt}e^{tL} + F(t)Le^{tL} = A(t)F(t)e^{tL}, \quad \frac{dF(t)}{dt} + F(t)L = A(t)F(t)$$

を用いると

$$\frac{d\boldsymbol{y}(t)}{dt} = L\boldsymbol{y}(t) + F(t)^{-1}\boldsymbol{g}(t, F(t)\boldsymbol{y}(t)) \tag{4.16}$$

が得られる．$F(t), F(t)^{-1}$ は周期関数だから有界であり t に関して一様に

$$\lim_{\boldsymbol{y}\to 0}\frac{\|F(t)^{-1}\boldsymbol{g}(t, F(t)\boldsymbol{y})\|}{\|\boldsymbol{y}\|} = \lim_{\boldsymbol{x}\to 0}\frac{\|F(t)^{-1}\boldsymbol{g}(t, \boldsymbol{x})\|}{\|F(t)^{-1}\boldsymbol{x}\|}$$

$$\leq \|F(t)^{-1}\|\lim_{\boldsymbol{x}\to 0}\frac{\|\boldsymbol{g}(t, \boldsymbol{x})\|}{\|\boldsymbol{x}\|}\frac{\|\boldsymbol{x}\|}{\|F(t)^{-1}\boldsymbol{x}\|}$$

$$\leq \|F(t)^{-1}\|\|F(t)\|\lim_{\boldsymbol{x}\to 0}\frac{\|\boldsymbol{g}(t, \boldsymbol{x})\|}{\|\boldsymbol{x}\|} = 0$$

となる．ここで問題 3.4 と

$$\frac{\|\boldsymbol{x}\|}{\|F(t)^{-1}\boldsymbol{x}\|} = \frac{\|F(t)\boldsymbol{y}\|}{\|\boldsymbol{y}\|} \leq \|F(t)\|$$

を用いた．したがって，定理 4.20 と注意 4.21 より (4.16) の零解に対して 1), 2) が成立する．零解が漸近安定であるとは，十分零に近い解 $\boldsymbol{y}(t)$ は $t \to \infty$ のとき $\boldsymbol{y}(t) \to \boldsymbol{0}$ となるということだから，十分零に近い (4.14) の解 $\boldsymbol{x}(t) = F(t)\boldsymbol{y}(t)$ も同じ性質をもつことがわかり，(4.14) の零解に対しても 1), 2) が成立することがわかる． $\square$

例 4.23. 微分方程式

$$\frac{d\boldsymbol{x}(t)}{dt} = \begin{bmatrix} -2 & \cos t \\ \cos t & -2 \end{bmatrix}\boldsymbol{x}(t) + \boldsymbol{g}(t, \boldsymbol{x}(t))$$

において $\boldsymbol{g}(t, \boldsymbol{x})$ は定理 4.22 の条件を満たすとする．このとき零解は漸近安定である．

$$P = \begin{bmatrix} 1 & 1 \\ 1 & -1 \end{bmatrix}, \ E = \begin{bmatrix} 1 & 0 \\ 0 & 1 \end{bmatrix}, \ \sigma_1 = \begin{bmatrix} 0 & 1 \\ 1 & 0 \end{bmatrix}, \ \sigma_3 = \begin{bmatrix} 1 & 0 \\ 0 & -1 \end{bmatrix}$$

とおけば $P^{-1}\sigma_1 P = \sigma_3$ となるので $\boldsymbol{x}(t) = P\boldsymbol{y}(t)$ とおけば方程式

$$\frac{d\boldsymbol{x}(t)}{dt} = \begin{bmatrix} -2 & \cos t \\ \cos t & -2 \end{bmatrix}\boldsymbol{x}(t)$$

は

$$\frac{d\boldsymbol{y}(t)}{dt} = [-2E + \sigma_3 \cos t]\boldsymbol{y}(t) = \begin{bmatrix} -2 + \cos t & 0 \\ 0 & -2 - \cos t \end{bmatrix} \boldsymbol{y}(t)$$

と対角化されて基本行列 $Y(t)$ は

$$Y(t) = \begin{bmatrix} e^{-2t+\sin t} & 0 \\ 0 & e^{-2t-\sin t} \end{bmatrix} = \begin{bmatrix} e^{\sin t} & 0 \\ 0 & e^{-\sin t} \end{bmatrix} e^{-2tE}$$

となる. もとの方程式の基本行列は

$$X(t) = PY(t) = P \begin{bmatrix} e^{\sin t} & 0 \\ 0 & e^{-\sin t} \end{bmatrix} e^{-2tE}$$

となり, 特性指数は $-2, -2$ となって零解は漸近安定であることがわかる.

微分方程式系 (4.1) の f_j が t を含まないとき, つまり

$$\frac{dx_j}{dt} = f_j(x_1, \ldots, x_n), \quad (j = 1, \ldots, n)$$

なる形のものを**自律系**という. f_j が C^1 級ならば全微分可能 (したがって, リプシッツ連続) だから

$$f_j(x_1, \ldots, x_n) = f_j(a_1, \ldots, a_n)$$
$$+ \sum_{k=1}^{n} \frac{\partial}{\partial x_k} f_j(a_1, \ldots, a_n)(x_k - a_k) + \delta_j(x_1, \ldots, x_n),$$

$$\lim_{(x_1, \ldots, x_n) \to (a_1, \ldots, a_n)} \frac{\delta_j(x_1, \ldots, x_n)}{\sqrt{(x_1 - a_1)^2 + \cdots + (x_n - a_n)^2}} = 0$$

が成立する. これは**ヤコビ (Jacobi) 行列**

$$J_{\boldsymbol{f}}(\boldsymbol{x}) = \begin{bmatrix} \dfrac{\partial f_1(\boldsymbol{x})}{\partial x_1} & \cdots & \dfrac{\partial f_1(\boldsymbol{x})}{\partial x_n} \\ \vdots & & \vdots \\ \dfrac{\partial f_n(\boldsymbol{x})}{\partial x_1} & \cdots & \dfrac{\partial f_n(\boldsymbol{x})}{\partial x_n} \end{bmatrix}$$

を導入すると

$$\boldsymbol{f}(\boldsymbol{x}) = \boldsymbol{f}(\boldsymbol{a}) + J_{\boldsymbol{f}}(\boldsymbol{a})(\boldsymbol{x} - \boldsymbol{a}) + \boldsymbol{\varepsilon}(\boldsymbol{x} - \boldsymbol{a}), \quad \lim_{\boldsymbol{x} \to \boldsymbol{a}} \frac{\|\boldsymbol{\varepsilon}(\boldsymbol{x} - \boldsymbol{a})\|}{\|\boldsymbol{x} - \boldsymbol{a}\|} = 0$$

と書ける. $\boldsymbol{a}$ を方程式

$$\frac{d\boldsymbol{x}}{dt} = \boldsymbol{f}(\boldsymbol{x})$$

の平衡点とすれば $\boldsymbol{f}(\boldsymbol{a}) = \boldsymbol{0}$ であり $\boldsymbol{y} = \boldsymbol{x} - \boldsymbol{a}$ とおけば

$$\frac{d\boldsymbol{y}}{dt} = \frac{d\boldsymbol{x}}{dt} = \boldsymbol{f}(\boldsymbol{x}) = J_{\boldsymbol{f}}(\boldsymbol{a})\boldsymbol{y} + \boldsymbol{\varepsilon}(\boldsymbol{y}), \ \lim_{\boldsymbol{y} \to \boldsymbol{0}} \frac{\|\boldsymbol{\varepsilon}(\boldsymbol{y})\|}{\|\boldsymbol{y}\|} = 0$$

が成立する. $\boldsymbol{\varepsilon}(\boldsymbol{y})$ のリプシッツ連続性は $\boldsymbol{f}(\boldsymbol{x})$ のそれより従うので, 定理 4.20 が適用できて $J_{\boldsymbol{f}}(\boldsymbol{a})$ の固有値から系の安定性がわかる.

問題 4.3. 次の微分方程式の平衡解 $\boldsymbol{x}(t) = \boldsymbol{0}$ の安定性を調べよ.

$$\frac{dx_1}{dt} = \cos x_1 + \sin x_2 - 1, \ \frac{dx_2}{dt} = 2\sin x_1 - e^{x_2} + 1$$

4.3　2 次元の自律系

$n = 2$ のときには非線形の場合でも取り扱いやすい. 自律系

$$\frac{dx}{dt} = f(x, y), \ \frac{dy}{dt} = g(x, y) \tag{4.17}$$

の解の曲線を表すのに, パラメータ表示 $x = x(t)$, $y = y(t)$ の他にグラフ $y = y(x)$ や $x = x(y)$ での表示, あるいは $F(x, y) = C$ （C は定数）なる表現も用いられる.

$\dfrac{dx}{dt} \neq 0$ のときは関数 $x = x(t)$ は逆関数 $t = t(x)$ をもつから合成関数の微分法より $y = y(x)$ は微分方程式

$$\frac{dy}{dx} = \frac{dy/dt}{dx/dt} = \frac{g(x, y)}{f(x, y)}$$

を満たし, したがって,

$$-g(x, y) + f(x, y)\frac{dy}{dx} = 0 \tag{4.18}$$

を満たす. もし

$$\frac{\partial U(x, y)}{\partial x} = -g(x, y), \ \frac{\partial U(x, y)}{\partial y} = f(x, y)$$

となる関数 $U(x, y)$ が存在するなら, C を定数として

$$U(x, y(x)) = C$$

で決まる関数 $y = y(x)$ が (4.18) の解になる. 実際

$$0 = \frac{d}{dx}U(x, y(x)) = -g(x, y(x)) + f(x, y(x))\frac{dy}{dx}$$

となるからである. そこでいかなる場合にこのような U が存在するかを考える.

定理 4.24. $A(x,y)$, $B(x,y)$ を $C^1(\boldsymbol{R}^2; \boldsymbol{R})$ つまり $\boldsymbol{R}^2$ で定義された実数値連続微分可能関数とする. このとき

$$\frac{\partial U(x,y)}{\partial x} = A(x,y), \quad \frac{\partial U(x,y)}{\partial y} = B(x,y) \tag{4.19}$$

を満たす関数 $U(x,y)$ が存在するための必要十分条件は

$$\frac{\partial A(x,y)}{\partial y} = \frac{\partial B(x,y)}{\partial x} \tag{4.20}$$

である.

証明. (必要性) $U(x,y)$ が存在したとすると,

$$\frac{\partial A(x,y)}{\partial y} = \frac{\partial^2 U(x,y)}{\partial y \partial x} = \frac{\partial^2 U(x,y)}{\partial x \partial y} = \frac{\partial B(x,y)}{\partial x}$$

が成立する.

(十分性) $U(x,y)$ を

$$U(x,y) = \int_{x_0}^{x} A(t,y_0)\,dt + \int_{y_0}^{y} B(x,t)\,dt$$

とおくと,

$$\frac{\partial}{\partial y} U(x,y) = B(x,y),$$

$$\frac{\partial}{\partial x} U(x,y) = A(x,y_0) + \int_{y_0}^{y} \frac{\partial}{\partial x} B(x,t)\,dt = A(x,y_0) + \int_{y_0}^{y} \frac{\partial}{\partial y} A(x,t)\,dt$$

$$= A(x,y_0) + A(x,y) - A(x,y_0) = A(x,y)$$

となる. 2行目で (4.20) を用いた. (4.20) を**積分可能条件**という. 不定積分を用いた表示では

$$U(x,y) = \int A(x,y)\,dx + \int \left[B(x,y) - \frac{\partial}{\partial y} \int A(x,y)\,dx \right] dy \tag{4.21}$$

とおくことができる. 実際

$$\frac{\partial}{\partial y} U(x,y) = \frac{\partial}{\partial y} \int A(x,y)\,dx + B(x,y) - \frac{\partial}{\partial y} \int A(x,y)\,dx = B(x,y),$$

$$\frac{\partial}{\partial x} U(x,y) = A(x,y) + \int \left[\frac{\partial}{\partial x} B(x,y) - \frac{\partial}{\partial y} A(x,y) \right] dy = A(x,y)$$

となる. 最後の等式を示すのに (4.20) を用いた. $\qquad\Box$

$$\frac{\partial U(x,y)}{\partial x} + \frac{\partial U(x,y)}{\partial y}\frac{dy}{dx} = 0$$

の形の方程式を**完全微分方程式**という．方程式

$$A(x,y) + B(x,y)\frac{dy}{dx} = 0$$

は完全微分方程式でないときでも，ある関数 $M(x,y)$ に対して

$$M(x,y)A(x,y) + M(x,y)B(x,y)\frac{dy}{dx} = 0$$

が完全微分方程式になることがある．このような関数 $M(x,y)$ を**積分因子**という．関数 $A(x,y)$, $B(x,y)$ に対して（形式的な）和

$$A(x,y)\,dx + B(x,y)\,dy$$

を 1 次の**微分形式**といい，関数 $U(x,y)$ に対してその**全微分** $dU(x,y)$ を

$$dU(x,y) = \frac{\partial U(x,y)}{\partial x}\,dx + \frac{\partial U(x,y)}{\partial y}\,dy$$

で定義する．方程式系 (4.19) は

$$dU(x,y) = A(x,y)\,dx + B(x,y)\,dy$$

と同じであるから，いろいろな関数 $U(x,y)$ の全微分を知っておくことは有用である．特に全微分に関する以下の関係式は，視察によって積分因子を求めたり，完全微分方程式の解を求めるのに有用である．

$$d(xy) = x\,dy + y\,dx, \quad d(x^2 \pm y^2) = 2x\,dx \pm 2y\,dy,$$
$$d\left(\frac{y}{x}\right) = \frac{x\,dy - y\,dx}{x^2}, \quad d\left(\frac{x}{y}\right) = \frac{y\,dx - x\,dy}{y^2},$$
$$d\left(\tan^{-1}\frac{y}{x}\right) = \frac{x\,dy - y\,dx}{x^2 + y^2}, \quad d\left(\tan^{-1}\frac{x}{y}\right) = \frac{y\,dx - x\,dy}{x^2 + y^2}$$

問題 4.4. 次の完全微分方程式を解け．

$$x - y + \left(\frac{1}{y^2} - x\right)\frac{dy}{dx} = 0$$

問題 4.5. 次の微分方程式を積分因子を見いだして解け．

$$x^2 - y^2 + 2xy\frac{dy}{dx} = 0$$

$x(t) = a, y(t) = b$ を方程式 (4.17) の平衡解とする. この平衡解の安定性についてはヤコビ行列

$$J(a,b) = \begin{bmatrix} f_x(a,b) & f_y(a,b) \\ g_x(a,b) & g_y(a,b) \end{bmatrix}$$

の固有値の実部がすべて 0 のときには何もわからなかったが, もし方程式 (4.18) が積分因子をもつときには次の定理が成立する.

定理 4.25. 方程式 (4.18) が積分因子をもつとき, ヤコビ行列式 $\det J(a,b)$ が正ならば, 方程式 (4.17) の平衡解 $x(t) = a, y(t) = b$ は安定である.

証明. 点 (a,b) が $U(x,y)$ の極値であることを示せばよい. なぜならそのときは (a,b) の近くを通る解の曲線は等高線 $U(x,y) = C$ となり (a,b) のまわりを回る解となるので, (a,b) は安定な平衡点であることがわかるからである. そこでまず

$$U_x(a,b) = -M(a,b)g(a,b) = 0, \ U_y(a,b) = M(a,b)f(a,b) = 0$$

に注意する.

$$U_{xx}(a,b) = -M(a,b)g_x(a,b), \ U_{yy}(a,b) = M(a,b)f_y(a,b),$$

$$U_{xy}(a,b) = -M(a,b)g_y(a,b) = U_{yx}(a,b) = M(a,b)f_x(a,b)$$

となることより

$$U_{xy}(a,b)^2 - U_{xx}(a,b)U_{yy}(a,b)$$
$$= M(a,b)^2\{-f_x(a,b)g_y(a,b) + g_x(a,b)f_y(a,b)\}$$
$$= -M(a,b)^2 \det J(a,b) < 0$$

となって点 (a,b) が極値であることがわかる.   □

例 4.26. 微分方程式 $\dfrac{dx}{dt} = y, \dfrac{dy}{dt} = x - x^3$ の平衡点を求めてその安定性を調べる. 平衡点は $(0,0), (\pm 1, 0)$ の 3 点である. ヤコビ行列 $J(x,y)$ は

$$J(x,y) = \begin{bmatrix} 0 & 1 \\ 1 - 3x^2 & 0 \end{bmatrix}, \ J(0,0) = \begin{bmatrix} 0 & 1 \\ 1 & 0 \end{bmatrix}, \ J(\pm 1, 0) = \begin{bmatrix} 0 & 1 \\ -2 & 0 \end{bmatrix}$$

となることより，点 $(0,0)$ はそこでのヤコビ行列の固有値は $\lambda = \pm 1$ となり不安定，点 $(\pm 1, 0)$ はそこでのヤコビ行列の固有値が $\lambda = \pm\sqrt{2}i$ となって，安定性はこれだけではよくわからない．そこで方程式

$$x^3 - x + y\frac{dy}{dx} = 0$$

を考えると，これは完全微分方程式なので積分因子を $M(x,y) = 1$ として定理 4.25 が使える．$\det J(\pm 1, 0) = 2 > 0$ なので安定である．

$$\frac{dy}{dx} = f(x)g(y)$$

の形の方程式を**変数分離形微分方程式**という．これは

1) $g(y) \neq 0$ のときには完全微分方程式

$$f(x) - \frac{1}{g(y)}\frac{dy}{dx} = 0$$

となって，解は

$$U(x,y) = \int_{x_0}^x f(t)\,dt - \int_{y_0}^y \frac{1}{g(t)}\,dt = C$$

で与えられる．不定積分で書けば

$$U(x,y) = \int f(x)\,dx - \int \frac{1}{g(y)}\,dy = C$$

である．

2) $g(b) = 0$ のときには定数関数 $y(x) = b$ が解になる．

問題 4.6. 次の微分方程式を解け．$\dfrac{dy}{dx} = \dfrac{y^2}{x^3}$

$$\frac{dy}{dx} = f\left(\frac{y}{x}\right)$$

の形の方程式を**同次形**という．これに対しては変数変換 $u(x) = y/x$ を行うと

$$f(u) = f\left(\frac{y}{x}\right) = \frac{dy}{dx} = \frac{d(ux)}{dx} = u + x\frac{du}{dx}$$

となって u に関する変数分離形方程式

$$\frac{du}{dx} = \frac{1}{x}[f(u) - u]$$

を得る．

問題 4.7. 次の微分方程式を解け．$\dfrac{dy}{dx} = \dfrac{x^2 + y^2}{2xy}$

問題 4.8. 微分方程式 $2xy - (3x^2 + y^2)\dfrac{dy}{dx} = 0$ の一般解を求めよ.

この節での方法は不定積分を有限回用いて解を求めるもので，いわゆる**求積法**と呼ばれているものである．求積法で解が求まるものにはこれらの他にも以下の**ベルヌーイ (Bernoulli) の微分方程式**と呼ばれるものがあり

$$\frac{dy}{dx} + p(x)y = q(x)y^n, \ (n \neq 0, 1)$$

これは，$z = y^{1-n}$ とおくと z の線形方程式になる.

問題 4.9. 次の微分方程式を解け. $\dfrac{dy}{dx} + y = xy^3$

4.4 応用例

例 4.27 (ヴォルテラ (Volterra) の**捕食者・被食者方程式**). 捕食者の個体数 x は被食者の個体数 y に依存する．捕食者がいないときは被食者の増加比率はある定数 A で与えられ，捕食者が存在すればそれは x の関数として線形に減少すると仮定すると方程式

$$\frac{dy/dt}{y} = A - Bx \ (A, B > 0)$$

が得られる．被食者がいないと捕食者は死亡せざるを得ず，被食者が多ければ捕食者も増加するので方程式

$$\frac{dx/dt}{x} = -C + Dy \ (C, D > 0)$$

が得られる．両者をまとめて連立方程式

$$\frac{dx}{dt} = x(-C + Dy), \ \frac{dy}{dt} = y(A - Bx) \ (A, B, C, D > 0)$$

が得られ，この方程式の平衡点は $(x, y) = (A/B, C/D)$ である．この方程式を (4.18) の形に書き直してみると

$$\frac{dy}{dx} = \frac{y(A - Bx)}{x(-C + Dy)} = \frac{A - Bx}{x}\frac{y}{-C + Dy}$$

となり，変数分離形であるので直ちに

$$U(x, y) = \int \left(\frac{A}{x} - B\right) dx + \int \left(\frac{C}{y} - D\right) dy$$
$$= A \log x - Bx + C \log y - Dy = K$$

と解曲線が求まる．平衡点 $(x, y) = (A/B, C/D)$ で関数 $U(x, y)$ は最大値をとり，$U(x, y)$ の等高線が解曲線を与える．$y > C/D$ では $dx/dt > 0$ となる

ので平衡点は図 4.1 のように時計回りに回転する軌道で囲まれていることがわかる．この図から平衡点は安定であることがわかる．

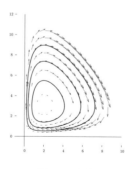

図 4.1　安定

例 4.28 (ダフィン (**Duffing**) 方程式).

$$\frac{d^2 x}{dt^2} + x + Bx^3 = 0,\ B \in \boldsymbol{R}$$

は $y = dx/dt$ とおくと連立方程式

$$\frac{dx}{dt} = y,\ \frac{dy}{dt} = -x - Bx^3$$

となり，$B \geq 0$ のとき平衡点は $(x, y) = (0, 0)$ だけ，$B < 0$ のときは $(x, y) = (\pm A, 0)$, $A^2 = -1/B$ が加わる．解曲線の方程式は変数分離形の

$$\frac{dy}{dx} = -\frac{x + Bx^3}{y}$$

となり，解曲線は

$$y^2 + x^2 + \frac{1}{2}Bx^4 = C$$

と表され，図 4.3 のようになる．図から平衡点 $(0, 0)$ は安定であることがわかる．$B < 0$ のときの平衡点 $\boldsymbol{a} = (\pm A, 0)$ については，そこでのヤコビ行列が

$$J(\boldsymbol{a}) = \begin{bmatrix} 0 & 1 \\ -1 - 3Bx^2 & 0 \end{bmatrix}_{x^2 = -1/B} = \begin{bmatrix} 0 & 1 \\ 2 & 0 \end{bmatrix}$$

であるからその固有値は $\sqrt{2}$ と $-\sqrt{2}$ であり，定理 4.20 2) より不安定であることがわかる．

図 4.2 原点は安定

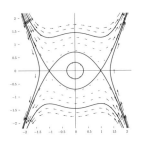

図 4.3 $(\pm A, 0)$ は不安定解

例 4.29 (非線形振子).

$$\frac{d^2x}{dt^2} = -\omega^2 \sin x, \ \omega > 0$$

は $y = dx/dt$ とおくと連立方程式

$$\frac{dx}{dt} = y, \ \frac{dy}{dt} = -\omega^2 \sin x$$

となり，平衡点は $(x, y) = (n\pi, 0)$ $(n = 0, \pm 1, \pm 2, \dots)$ であり解曲線の方程式は変数分離形の

$$\frac{dy}{dx} = -\frac{\omega^2 \sin x}{y}$$

となり，解曲線は

$$\frac{1}{2}y^2 - \omega^2 \cos x = C$$

と表され，図 4.4 のようになる．図から平衡点 $(2n\pi, 0)$ は安定であることがわかる．これは振り子が真下にきたときである．点 $\boldsymbol{a} = ((2n+1)\pi, 0)$ については，そこでのヤコビ行列が

$$J(\boldsymbol{a}) = \begin{bmatrix} 0 & 1 \\ -\omega^2 \cos x & 0 \end{bmatrix}_{x=(2n+1)\pi} = \begin{bmatrix} 0 & 1 \\ \omega^2 & 0 \end{bmatrix}$$

であるからその固有値は ω と $-\omega$ であり，定理 4.20 2) より不安定であることがわかる．これは振り子が真上にきたときであるからまさに不安定である．

安定な平衡点のまわりで線形化した方程式はその点でのヤコビ行列が

$$\begin{bmatrix} 0 & 1 \\ -\omega^2 \cos x & 0 \end{bmatrix}_{x=2n\pi} = \begin{bmatrix} 0 & 1 \\ -\omega^2 & 0 \end{bmatrix}$$

であるから

$$\frac{dx}{dt} = y, \ \frac{dy}{dt} = -\omega^2 x$$

となり，単独方程式に直すと調和振動子の方程式

$$\frac{d^2 x}{dt^2} = -\omega^2 x$$

となり，逆立ち振り子は

$$\frac{d^2 x}{dt^2} = \omega^2 x$$

となる．

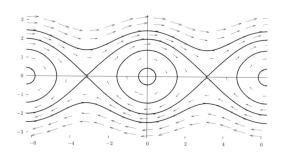

図 4.4　非線形振子

　振り子に人が乗ってこぐとブランコになる．以下の例は定理 4.16 の応用である．

例 4.30（ブランコ）．ブランコをこいでいるときは外力を加えている訳ではなく，単に振り子の長さを変えているだけだと考えられるから，それを記述する方程式としては $a(t) = -\omega^2[1 + \varepsilon \sin t]$ として，

$$\frac{d\boldsymbol{x}(t)}{dt} = A(t)\boldsymbol{x}(t), \ A(t) = \begin{bmatrix} 0 & 1 \\ a(t) & 0 \end{bmatrix} \tag{4.22}$$

が適当と考えられるがこの方程式に対して基本行列 $X(t)$ を求めるのは難しい．しかし構造安定性の定理（定理 4.9）の教えるところでは，ε が十分小さいときの様子は $\varepsilon = 0$ としたもので十分近似できるので $\varepsilon = 0$ に対して $X(t)$ を求めることにする．$\omega > 0$ のときには

$$X_\omega(t) = \begin{bmatrix} \cos\omega t & \dfrac{1}{\omega}\sin\omega t \\ -\omega\sin\omega t & \cos\omega t \end{bmatrix}. \tag{4.23}$$

$|\operatorname{Tr} X_\omega(2\pi)| = 2|\cos 2\omega\pi| \leq 2$ であって，$|\cos 2\omega\pi| = 1$ となるのは

$$\omega = \frac{k}{2},\ k = 1, 2, \ldots$$

である．このことより ε が十分小さければ

$$\left\{\omega > 0; \omega \neq \frac{k}{2},\ k = 1, 2, \ldots\right\}$$

で安定なことがわかる．$\omega = k/2,\ k = 1, 2, \ldots$ のときの安定性は，この近似ではよくわからないが，ブランコをこげばだんだん大きく揺れてくるというのは，方程式 (4.22) の零解が不安定であることを示していると思われる．はたして本当にそうであろうか．具体的に解が求まる関数

$$a(t) = \begin{cases} -(\omega + \varepsilon)^2, & 0 \leq t < \pi \\ -(\omega - \varepsilon)^2, & \pi \leq t < 2\pi \end{cases}, \ a(t + 2\pi) = a(t)$$

に対して方程式 (4.22) の安定性を調べてみよう．$a(t)$ は不連続な関数であるが，注意 4.10 により，一般化された解を考えればその取り扱いにはまったく問題はない．区間 $[0, \pi)$，$[\pi, 2\pi)$ でそれぞれ定数係数の方程式と思って解く．$\omega_1 = \omega + \varepsilon, \omega_2 = \omega - \varepsilon$ として，基本行列 $X(t)$ に対する $X(2\pi)$ は

$$X(2\pi) = X_{\omega_2}(\pi) X_{\omega_1}(\pi),$$

$$\operatorname{Tr} X(2\pi) = 2c_1 c_2 - \left(\frac{\omega_1}{\omega_2} + \frac{\omega_2}{\omega_1}\right) s_1 s_2,\ c_k = \cos \pi\omega_k,\ s_k = \sin \pi\omega_k,$$

$$2c_1 c_2 = \cos 2\pi\varepsilon + \cos 2\pi\omega,\ 2s_1 s_2 = \cos 2\pi\varepsilon - \cos 2\pi\omega$$

となり，$|\operatorname{Tr} X(2\pi)| > 2$ が不安定になる領域である．Mathematica に描かせてみると以下の図 4.5, 4.6 のようになり，$\varepsilon \neq 0$ のときには $\omega = k/2,\ k = 1, 2, \ldots$ で不安定であるように見える．

このことを手計算で確かめてみよう．$\cos 2\pi\omega = -1$ となるのは $\omega = k + 1/2$ ($k = 0, 1, \ldots$) となるときであるので $(\varepsilon, \omega) = (0, k+1/2)$ のまわりで $\operatorname{Tr} X(2\pi)$ を ε と ω についてテイラー展開する．$\omega = k + 1/2 + \delta$ とすれば

$$\frac{\omega_1}{\omega_2} + \frac{\omega_2}{\omega_1} = 2\frac{\omega^2 + \varepsilon^2}{\omega^2 - \varepsilon^2} = 2\frac{(k + 1/2 + \delta)^2 + \varepsilon^2}{(k + 1/2 + \delta)^2 - \varepsilon^2}$$

$$= 2\left(1 + \frac{2\varepsilon^2}{(k + 1/2)^2} + \cdots\right) = 2(1 + \Delta)$$

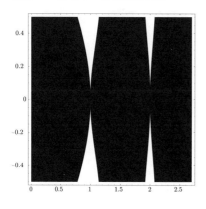

図 4.5 ω-ε 平面で $\mathrm{Tr}\,X(2\pi) > 2$ は白い部分

図 4.6 ω-ε 平面で $\mathrm{Tr}\,X(2\pi) < -2$ は白い部分

と展開され，$\cos 2\pi\omega = -\cos 2\pi\delta$ だから

$$\mathrm{Tr}\,X(2\pi) = \cos 2\pi\varepsilon - \cos 2\pi\delta - (1+\Delta)(\cos 2\pi\varepsilon + \cos 2\pi\delta)$$

$$= \left(\frac{2\varepsilon^2}{(k+1/2)^2} + \cdots\right)(-2 + 2\pi^2\varepsilon^2 + 2\pi^2\delta^2 + \cdots) + 4\pi^2\delta^2 - 2 + \cdots$$

$$= -2\frac{2\varepsilon^2}{(k+1/2)^2} + 4\pi^2\delta^2 - 2 + \cdots \tag{4.24}$$

と展開される．$\mathrm{Tr}\,X(2\pi) < -2$ は

$$-2\frac{2\varepsilon^2}{(k+1/2)^2} + 4\pi^2\delta^2 < 0$$

で近似され

$$|\delta| < \frac{|\varepsilon|}{(k+1/2)\pi}$$

となる．次に，$\cos 2\pi\omega = 1$ となる $\omega = k\ (k = 1, 2, \dots)$ のまわりで $\mathrm{Tr}\,X(2\pi)$ を展開すれば，(4.24) の $k+1/2$ が k に変わって

$$\mathrm{Tr}\,X(2\pi) = \left(2\frac{\varepsilon^2}{k^2} + \cdots\right)(2\pi^2\varepsilon^2 - 2\pi^2\delta^2 + \cdots) - 4\pi^2\delta^2 + 2 + \cdots$$

$$= 2\frac{\varepsilon^2}{k^2}(2\pi^2\varepsilon^2 - 2\pi^2\delta^2) - 4\pi^2\delta^2 + 2 + \cdots$$

となる．$\mathrm{Tr}\,X(2\pi) > 2$ は

$$2\frac{\varepsilon^2}{k^2}(2\pi^2\varepsilon^2 - 2\pi^2\delta^2) - 4\pi^2\delta^2 > 0$$

で近似されるので

$$\delta^2 < \frac{\varepsilon^4}{k^2 + \varepsilon^2} \approx \frac{\varepsilon^4}{k^2}$$

が従い結局

$$|\delta| < \frac{\varepsilon^2}{k}$$

のときは不安定になることがわかった.

このようにしてブランコの固有周期 $T = 2\pi/\omega$ の $1/2, 1, 3/2, \ldots$ 倍の周期でこいでやればブランコは大きく揺れることがわかった.

例 4.31 (逆立ちブランコ). 逆立ち振り子の方程式の零解は不安定であったが逆立ちブランコはどうであろうか. 逆さに立った長さ l の棒の支点に周期 $2T$, 振幅 a の上下振動を与えたときこの棒はどうなるだろうか. この逆さブランコに対する微分方程式は (4.22) において

$$a(t) = \begin{cases} \omega^2 + \alpha^2, & 0 \leq t < T \\ \omega^2 - \alpha^2, & T \leq t < 2T \end{cases}, \ \omega^2 < \alpha^2, \ a(t + 2T) = a(t)$$

としたものである. ただし g を重力加速度として $\omega^2 = g/l$, $\alpha^2 = c/l$, $c = 8a/T^2$ はこの上下振動による加速度である. これからこの方程式の零解の安定性を調べよう. この方程式の基本行列 $X(t)$ に対する $X(2T)$ は

$$\Omega = \sqrt{\alpha^2 - \omega^2}, \ \kappa = \sqrt{\alpha^2 + \omega^2}, \ Y_\kappa(t) = \begin{bmatrix} \cosh \kappa t & \frac{1}{\kappa} \sinh \kappa t \\ \kappa \sinh \kappa t & \cosh \kappa t \end{bmatrix} \quad (4.25)$$

とし, (4.23) の $X_\omega(t)$ を用いて

$$X(2T) = X_\Omega(T) Y_\kappa(T)$$

となり,

$$\mathrm{Tr}\, X(2T) = 2 \cosh \kappa T \cos \Omega T + \left(\frac{\kappa}{\Omega} - \frac{\Omega}{\kappa} \right) \sinh \kappa T \sin \Omega T$$

となる.

$$\varepsilon^2 = \frac{a}{l}, \ \mu^2 = \frac{g}{c}$$

を用いて $\mathrm{Tr}\, X(2T)$ を表し Mathematica に評価させると図 4.7 のようになる. このことを手計算で確かめるために

$$\kappa T = 2\sqrt{2}\varepsilon\sqrt{1 + \mu^2}, \ \Omega T = 2\sqrt{2}\varepsilon\sqrt{1 - \mu^2},$$

$$\frac{\kappa}{\Omega} - \frac{\Omega}{\kappa} = \sqrt{\frac{1+\mu^2}{1-\mu^2}} - \sqrt{\frac{1-\mu^2}{1+\mu^2}} = 2\mu^2 + \cdots$$

を用いて $\mathrm{Tr}\, X(2T)$ をテイラー展開しよう.

$$\cosh \kappa T = 1 + 4\varepsilon^2(1+\mu^2) + \frac{8}{3}\varepsilon^4 + \cdots,$$

$$\cos \Omega T = 1 - 4\varepsilon^2(1-\mu^2) + \frac{8}{3}\varepsilon^4 + \cdots,$$

$$\left(\frac{\kappa}{\Omega} - \frac{\Omega}{\kappa}\right) \sinh \kappa T \sin \Omega T = 16\varepsilon^2\mu^2 + \cdots$$

より

$$\mathrm{Tr}\, X(2T) = 2\left(1 - 16\varepsilon^4 + \frac{16}{3}\varepsilon^4 + 8\varepsilon^2\mu^2 + \cdots\right) + 16\varepsilon^2\mu^2 + \cdots$$

となり $\mathrm{Tr}\, X(2T) < 2$ は

$$\mu^2 < \frac{2}{3}\varepsilon^2 \quad \text{つまり} \quad \frac{g}{c} < \frac{2}{3}\frac{a}{l}$$

で近似される. $c = 8a/T^2$ を用いると上の不等式は

$$\frac{1}{T} > \frac{\sqrt{3}}{4}\sqrt{\frac{g}{l}\frac{l}{a}} = \frac{\sqrt{3}}{4}\omega\frac{l}{a}$$

となる. $l = 20\ \mathrm{cm}\ a = 1\ \mathrm{cm}$ とすると $\omega = \sqrt{980/20} = 7$ より

$$N = \frac{1}{2T} > \frac{\sqrt{3}}{8} \cdot 7 \cdot 20 \approx 30$$

となるのでこの逆さブランコは毎秒 30 回以上振動させれば安定することがわかる.

例 4.32 (クローニッヒ-ペニー (Kronig-Penny) モデル).

$$V(x) = \begin{cases} V_0, & 0 \le x < \varepsilon \\ 0, & \varepsilon \le x < \varepsilon + L \end{cases}, \ V_0 > 0,\ V(x+\varepsilon+L) = V(x)$$

なる周期ポテンシャル（結晶）の中で電子のとりうるエネルギー E を調べてみよう. それは

$$-\frac{d^2u(x)}{dx^2} + V(x)u(x) = Eu(x)$$

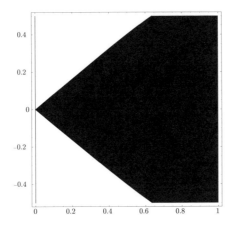

図 4.7 ε-μ 平面で $\mathrm{Tr}\, X(2T) > 2$ は白い部分

が安定な解をもつかどうかを調べることである。これを連立方程式に直すと

$$\frac{d\boldsymbol{u}(x)}{dx} = \begin{bmatrix} 0 & 1 \\ V(x) - E & 0 \end{bmatrix} \boldsymbol{u}(x)$$

となる。$0 < E < V_0$ の場合には逆立ちブランコと同じようなものになる。この方程式の基本行列 $X(x)$ に対する $X(\varepsilon + L)$ は $\Omega = \sqrt{E}$, $\kappa = \sqrt{V_0 - E}$ とし、(4.23), (4.25) を用いて $X(\varepsilon + L) = X_\Omega(L)Y_\kappa(\varepsilon)$ となり,

$$\mathrm{Tr}\, X(\varepsilon + L) = 2\cosh \varepsilon\kappa \cos L\Omega + \left(\frac{\kappa}{\Omega} - \frac{\Omega}{\kappa}\right)\sinh \varepsilon\kappa \sin L\Omega.$$

これを評価するのは逆立ちブランコと同じく難しいのでここでは $V_0 = 1/\varepsilon$ とおいて $\varepsilon \to 0$ とした極限を考えることにしよう。これはポテンシャル $V(x)$ として

$$V(x) = \sum_{n=-\infty}^{\infty} \delta(x - nL)$$

を考えていることに相当する。$\varepsilon \to 0$ のとき $\kappa \to \infty$, $\varepsilon\kappa \to 0$ となるので

$$\cosh \varepsilon\kappa \to 1, \quad \kappa \sinh \varepsilon\kappa = \varepsilon\kappa^2 \frac{\sinh \varepsilon\kappa}{\varepsilon\kappa} \to 1$$

より

$$\lim_{\varepsilon \to 0} \mathrm{Tr}\, X(\varepsilon + L) = 2\cos L\Omega + \frac{1}{\Omega}\sin L\Omega$$

となり $|2\cos L\Omega + \frac{1}{\Omega}\sin L\Omega| < 2$ を満たす $\Omega\ (= \sqrt{E})$ に対して安定な解が存在する．Ω の満たすべき条件は下のグラフ図 4.8 や図 4.9 からわかり，電子のとりうるエネルギー E はバンド構造をもつことがわかる．ε が有限のとき ε が 0 に近づくにつれて極限のバンド構造に近づいていく様子が Gnuplot の描いた図 4.10 よりわかる．電子のとりえないエネルギーの幅（エネルギーギャップ）や電子の状態によって，結晶は導体や絶縁体あるいは半導体になる．

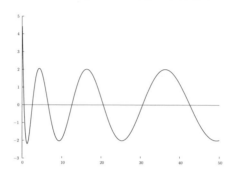

図 4.8 E の関数 $2\cos L\Omega + \frac{1}{\Omega}\sin L\Omega$ のグラフ

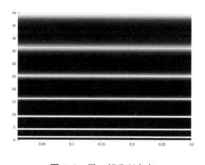

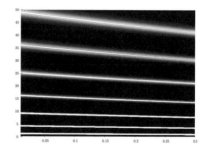

図 4.9 黒い部分が安定

図 4.10 ε が 0 に近づくにつれてバンド構造が変化する様子

演習問題

演習 1 (1) $A = \begin{bmatrix} 2 & -3 \\ 4 & -5 \end{bmatrix}$ (2) $A = \begin{bmatrix} 1 & -2 \\ 5 & -1 \end{bmatrix}$

に対する微分方程式 $\dfrac{d\boldsymbol{x}(t)}{dt} = A\boldsymbol{x}(t)$ の平衡解 $\boldsymbol{x}(t) = \boldsymbol{0}$ の安定性を調べよ．

演習 2　(1) $A(t) = \begin{bmatrix} -1 & \cos t \\ \cos t & -1 \end{bmatrix}$　　(2) $A(t) = \begin{bmatrix} -1 & 2\cos t \\ 2\cos t & -1 \end{bmatrix}$

に対する微分方程式 $\dfrac{d\boldsymbol{x}(t)}{dt} = A(t)\boldsymbol{x}(t)$ の平衡解 $\boldsymbol{x}(t) = \boldsymbol{0}$ の安定性を調べよ.

演習 3　次の微分方程式の平衡解 $\boldsymbol{x}(t) = \boldsymbol{0}$ の安定性を調べよ.

(1)　$\dfrac{dx_1}{dt} = 2x_1 - 3x_2 + x_1^2 + x_2^2,\ \dfrac{dx_2}{dt} = 4x_1 - 5x_2 + x_1^2 + x_2^2$

(2)　$\dfrac{dx_1}{dt} = \sin x_1 - 2x_2,\ \dfrac{dx_2}{dt} = 5x_1 - \sin x_2$

演習 4　次の完全微分方程式を解け.

(1)　$x^3 + 2xy + y + (-y^3 + x^2 + x)\dfrac{dy}{dx} = 0$

(2)　$(e^x \sin y + e^y \sin x) + (e^x \cos y - e^y \cos x)\dfrac{dy}{dx} = 0$

演習 5　次の微分方程式を積分因子を見いだして解け.

(1)　$y + 2(x^2 + y^2) - x\dfrac{dy}{dx} = 0$　　(2)　$2xy - (x^2 - y^2)\dfrac{dy}{dx} = 0$

演習 6　次の微分方程式を解け. $\dfrac{dy}{dx} = \dfrac{\sin x}{\cos^2 x}\sin^2 y$

演習 7　次の微分方程式を解け. $2xy - (3x^2 - y^2)\dfrac{dy}{dx} = 0$

演習 8　次の微分方程式を解け. $\dfrac{dy}{dx} + \dfrac{y}{x} = x^2 y^6$

5

境界値問題

境界値問題は，第3章の方法を用いて解くことができ，グリーン関数が重要な役割をはたす．この章では，独立変数を x とする．

5.1 境界値問題

方程式

$$\frac{d^2}{dx^2}u(x) = ku(x) \tag{5.1}$$

の一般解は $k \neq 0$ のとき λ_1, λ_2 を方程式 $\lambda^2 = k$ の2解として

$$c_1 e^{\lambda_1 x} + c_2 e^{\lambda_2 x}$$

である．これらの解の中から特定の1つを選び出す条件として，たとえば初期条件

$$u(a) = r_1,\ u'(a) = r_2$$

がある．これより得られる連立方程式

$$c_1 e^{\lambda_1 a} + c_2 e^{\lambda_2 a} = r_1,\ c_1 \lambda_1 e^{\lambda_1 a} + c_2 \lambda_2 e^{\lambda_2 a} = r_2$$

により定数 c_1, c_2 は決まる．しかし特定の解を選び出す条件は初期条件以外にも**境界条件**と呼ばれる条件がある．以下の4つの条件の中の1つがよく用いられる．$b > a$ として

$$u(a) = r_1,\ u(b) = r_2 \qquad \text{(第1種)}$$

$$u'(a) = r_1,\ u'(b) = r_2 \qquad \text{(第2種)}$$

$$a_1 u(a) + a_2 u'(a) = r_1,\ b_1 u(b) + b_2 u'(b) = r_2 \qquad \text{(第3種)}$$

$$u(a) = u(b),\ u'(a) = u'(b) \qquad \text{(周期境界条件)}$$

境界条件を満たす解を求めるのが**境界値問題**である. これらの境界条件はベクトル

$$\boldsymbol{u}(x) = \begin{bmatrix} u(x) \\ u'(x) \end{bmatrix}, \ \boldsymbol{r} = \begin{bmatrix} r_1 \\ r_2 \end{bmatrix}$$

を導入すれば適当な 2×2 行列 R, S を用いて

$$R\boldsymbol{u}(a) + S\boldsymbol{u}(b) = \boldsymbol{r} \tag{5.2}$$

と表すことができる. そこでこれからはより一般的に $A(x), R, S \in \boldsymbol{R}^{n \times n}$, $\boldsymbol{b}(x), \boldsymbol{r} \in \boldsymbol{R}^n$ として境界条件 (5.2) のもとでの方程式

$$\frac{d\boldsymbol{u}(x)}{dx} = A(x)\boldsymbol{u}(x) + \boldsymbol{q}(x) \tag{5.3}$$

の解を求めること (境界値問題) を考えよう. 方程式

$$\frac{d\boldsymbol{u}(x)}{dx} = A(x)\boldsymbol{u}(x) \tag{5.4}$$

の基本行列を $X(x)$ とし $D = RX(a) + SX(b)$ とする.

定理 5.1. 境界値問題

$$\frac{d\boldsymbol{u}(x)}{dx} = A(x)\boldsymbol{u}(x), \ R\boldsymbol{u}(a) + S\boldsymbol{u}(b) = \boldsymbol{r} \tag{5.5}$$

に対して次のことが成り立つ.

1) $|D| \neq 0$ ならば (5.5) は任意の $\boldsymbol{r} \in \boldsymbol{R}^n$ に対して一意的な解をもつ.

2) $\boldsymbol{r} = \boldsymbol{0}$ に対して零以外の解をもつための必要十分条件は $|D| = 0$ となることである.

証明. 方程式の一般解 $X(x)\boldsymbol{c}$ を境界条件に代入すれば

$$[RX(a) + SX(b)]\boldsymbol{c} = D\boldsymbol{c} = \boldsymbol{r}$$

となり, $|D| \neq 0$ ならば $\boldsymbol{c}$ が一意的に決まり, $\boldsymbol{r} = \boldsymbol{0}$ に対して $\boldsymbol{c} \neq \boldsymbol{0}$ なる $\boldsymbol{c}$ が存在するための必要十分条件が $|D| = 0$ であることより従う. $\square$

例 5.2. 境界条件

$$u(0) = 0, \ u(L) = 0, \ (L > 0) \tag{5.6}$$

に対する方程式 (5.1) の境界値問題を解く.

1) $k = \lambda^2$ $(\lambda > 0)$ のときには

$$c_1 e^0 + c_2 e^0 = 0, \ c_1 e^{\lambda L} + c_2 e^{-\lambda L} = 0$$

の解は $c_1 = c_2 = 0$ であり，境界値問題の解 u は恒等的に $u(x) = 0$ である．

2) $k = 0$ のときは一般解は

$$c_1 + c_2 x$$

だから，また $c_1 = c_2 = 0$ である．

3) $k = -\lambda^2$ $(\lambda > 0)$ のときには一般解は

$$c_1 \cos \lambda x + c_2 \sin \lambda x$$

だから $u(0) = 0, \ u(L) = 0$ より

$$c_1 \cos 0 + c_2 \sin 0 = 0, \ c_1 \cos \lambda L + c_2 \sin \lambda L = 0$$

となる．$c_1 = 0$ でなければならないから $\sin \lambda L = 0$ つまり $\lambda = n\pi/L$ $(n = 1, 2, \dots)$ のときに $c_2 \sin \lambda x$ が境界値問題の解になる．これ以外の λ に対しては $c_1 = c_2 = 0$ となり恒等的に $u(x) = 0$ となる．

例 5.3. 境界値問題 (5.1), (5.6) は $a = 0, \ b = L,$

$$A(x) = \begin{bmatrix} 0 & 1 \\ k & 0 \end{bmatrix}, \ R = \begin{bmatrix} 1 & 0 \\ 0 & 0 \end{bmatrix}, \ S = \begin{bmatrix} 0 & 0 \\ 1 & 0 \end{bmatrix}, \ r = \mathbf{0}$$

としたときの境界値問題 (5.5) と同値である．$k = -\lambda^2$ $(\lambda > 0)$ のときには基本行列 $X(x), \ D, \ |D|$ は

$$X(x) = \begin{bmatrix} \sin \lambda x & \cos \lambda x \\ \lambda \cos \lambda x & -\lambda \sin \lambda x \end{bmatrix},$$

$$D = \begin{bmatrix} 1 & 0 \\ 0 & 0 \end{bmatrix} \begin{bmatrix} 0 & 1 \\ \lambda & 0 \end{bmatrix} + \begin{bmatrix} 0 & 0 \\ 1 & 0 \end{bmatrix} \begin{bmatrix} \sin \lambda L & \cos \lambda L \\ \lambda \cos \lambda L & -\lambda \sin \lambda L \end{bmatrix} = \begin{bmatrix} 0 & 1 \\ \sin \lambda L & \cos \lambda L \end{bmatrix},$$

$$|D| = -\sin \lambda L$$

となって $\sin \lambda L = 0$ のとき零以外の解をもつ．

注意 5.4. 行列 $A \in \mathbf{C}^{n \times n}$ に対して

$$A\boldsymbol{x} = \lambda\boldsymbol{x}$$

となる $\mathbf{C}^n \ni \boldsymbol{x} \neq \mathbf{0}$ を固有値 λ に対する A の固有ベクトルと呼んだが，それにならって境界値問題 (5.1), (5.6) の零でない解 $u(x)$ を**固有値** k に対する**固有関数**という．例 5.2 より $k = -\lambda^2$, $\lambda = n\pi/L$ $(n = 1, 2, \ldots)$ が固有値で $\sin\lambda x$ がその固有値に対する固有関数である．行列の場合と違って固有値も固有関数も無限個ある．これは $\mathcal{C}^2(\mathbf{R}, \mathbf{C})$ が無限次元空間（注意 1.6 参照）のためである．行列に対しては A の（一般）固有ベクトル全体が $\mathbf{C}^n$ の基底になったが，微分方程式の境界値問題から派生した固有値問題に対してはどうであろうか．これらの固有関数が基底になっているだろうか．これらは関数解析学の主要なテーマの 1 つである．

5.2 グリーン関数

定理 5.5. $|D| \neq 0$ とする．このとき境界値問題

$$\frac{d\boldsymbol{u}(x)}{dx} = A(x)\boldsymbol{u}(x) + \boldsymbol{q}(x), \quad R\boldsymbol{u}(a) + S\boldsymbol{u}(b) = \mathbf{0} \tag{5.7}$$

は一意的な解

$$\boldsymbol{u}(x) = \int_a^b G(x, \xi)\boldsymbol{q}(\xi)\,d\xi \tag{5.8}$$

をもつ．ここで行列関数 $G(x, \xi)$ は

$$G(x, \xi) = \begin{cases} X(x)[E - D^{-1}SX(b)]X(\xi)^{-1}, & a \leq \xi \leq x, \\ X(x)[-D^{-1}SX(b)]X(\xi)^{-1}, & x < \xi \leq b \end{cases} \tag{5.9}$$

で与えられ，この境界値問題の**グリーン (Green) 関数**という．

証明. 方程式

$$\frac{d\boldsymbol{u}(x)}{dx} = A(x)\boldsymbol{u}(x) + \boldsymbol{q}(x)$$

の一般解は方程式 (5.4) の基本解を $X(x)$ として

$$\boldsymbol{u}(x) = X(x)\left[\int_a^x X(\xi)^{-1}\boldsymbol{q}(\xi)\,d\xi + \boldsymbol{c}\right], \quad \boldsymbol{c} \in \mathbf{R}^n$$

である．これを境界条件に代入すると方程式

$$SX(b) \int_a^b X(\xi)^{-1} \boldsymbol{q}(\xi) \, d\xi + D\boldsymbol{c} = \boldsymbol{0}$$

が得られ，$|D| \neq 0$ よりこの方程式を満たす $\boldsymbol{c}$ が求まる．これより境界値問題の解は

$$\boldsymbol{u}(x) = X(x) \left[\int_a^x X(\xi)^{-1} \boldsymbol{q}(\xi) \, d\xi - D^{-1} SX(b) \int_a^b X(\xi)^{-1} \boldsymbol{q}(\xi) \, d\xi \right]$$

となり，この積分を 1 つにまとめると (5.8), (5.9) が従う． $\square$

グリーン関数 $G(x,\xi)$ は $a < \xi < b$ を固定したとき境界条件を満たす．実際

$$RX(a)[-D^{-1}SX(b)] + SX(b)[E - D^{-1}SX(b)]$$

$$= SX(b) - [RX(a) + SX(b)]D^{-1}SX(b) = SX(b) - DD^{-1}SX(b) = 0$$

より，$RG(a,\xi) + SG(b,\xi) = 0$ がわかる．

ヘビサイド関数 $H(x)$ (1.13) を用いると

$$G(x,\xi) = X(x)[EH(x-\xi) - D^{-1}SX(b)]X(\xi)^{-1}$$

と表され，ξ を固定して x で微分すると

$$\frac{\partial G(x,\xi)}{\partial x} = \frac{dX(x)}{dx}[EH(x-\xi) - D^{-1}SX(b)]X(\xi)^{-1}$$

$$+ X(x)\frac{dH(x-\xi)E}{dx}X(\xi)^{-1}$$

$$= A(x)G(x,\xi) + \delta(x-\xi)EX(x)X(\xi)^{-1}$$

$$= A(x)G(x,\xi) + \delta(x-\xi)E$$

となる．ここで $dH(x)/dx = \delta(x)$ (1.14), $x \neq \xi$ のとき $\delta(x-\xi) = 0$ そして $x = \xi$ ならば $X(x)X(\xi)^{-1} = E$ となることを用いた．

境界値問題 (5.7) のグリーン関数を用いて境界値問題 (5.2), (5.3) を次の手順で解くことができる．

1) 境界条件 (5.2) を満たす関数 $\boldsymbol{v}(x) \in C^1([a,b]; \boldsymbol{R}^n)$ を 1 つ用意する．

2) 境界値問題 (5.7) のグリーン関数 $G(x,\xi)$ を用いて

$$\boldsymbol{w}(x) = \int_a^b G(x,\xi) \left[\boldsymbol{q}(\xi) - \frac{d\boldsymbol{v}(\xi)}{d\xi} + A(\xi)\boldsymbol{v}(\xi) \right] d\xi$$

を計算する.

3) $u(x) = v(x) + w(x)$ が (5.2), (5.3) の解である.

実際 $u(x)$ が境界条件 (5.2) を満たすのは明らかで

$$\frac{du(x)}{dx} = \frac{dv(x)}{dx} + A(x)w(x) + q(x) - \frac{dv(x)}{dx} + A(x)v(x)$$

$$= A(x)[v(x) + w(x)] + q(x) = A(x)u(x) + q(x)$$

となって (5.3) が満たされることがわかる.

高階の方程式

$$L[y] = y^{(n)} + p_1(x)y^{(n-1)} + \cdots + p_{n-1}(x)y' + p_n(x)y = q(x)$$

に対する境界値問題は

$$y(x) = \begin{bmatrix} y_1(x) \\ y_2(x) \\ \vdots \\ y_n(x) \end{bmatrix} = \begin{bmatrix} y(x) \\ y'(x) \\ \vdots \\ y^{(n-1)}(x) \end{bmatrix}, \quad q(x) = \begin{bmatrix} 0 \\ \vdots \\ 0 \\ q(x) \end{bmatrix},$$

$$A(x) = \begin{bmatrix} 0 & 1 & & & & O \\ & 0 & 1 & & & \\ & & & \ddots & \ddots & \\ & O & & & 0 & 1 \\ -p_n(x) & -p_{n-1}(x) & \cdots & & -p_2(x) & -p_1(x) \end{bmatrix}$$

とベクトル関数 $y(x)$, $q(x)$ と行列 $A(x)$ を導入して

$$\frac{dy(x)}{dx} = A(x)y(x) + q(x), \quad Ry(a) + Sy(b) = r \tag{5.10}$$

と表される.

定理 5.6. 境界値問題

$$L[y] = q(x), \quad Ry(a) + Sy(b) = \mathbf{0} \tag{5.11}$$

は $|D| \neq 0$ のとき一意的な解

$$y(x) = \int_a^b g(x, \xi)q(\xi)\, d\xi$$

をもつ. ここで $g(x, \xi)$ は境界値問題 (5.7) のグリーン関数 (5.9) の $(1, n)$ 成分で境界値問題 (5.11) のグリーン関数と呼ばれる.

証明. $r = 0$ に対する境界値問題 (5.10) に対して定理 5.5 を適用すればよい. □

注意 5.7. グリーン関数 $g(x, \xi)$ は連続である. なぜなら $x \to \xi$ のとき $X(x)X(\xi)^{-1} \to E$ となるので $H(x - \xi)X(x)X(\xi)^{-1}$ の $(1, n)$ 成分は連続だからである.

例 5.8. 境界値問題

$$\frac{d^2}{dx^2}u(x) = q(x), \ u(0) = 0, \ u(L) = 0, \ (L > 0) \tag{5.12}$$

のグリーン関数を求めよ.

$$A(x) = \begin{bmatrix} 0 & 1 \\ 0 & 0 \end{bmatrix}, \ R = \begin{bmatrix} 1 & 0 \\ 0 & 0 \end{bmatrix}, \ S = \begin{bmatrix} 0 & 0 \\ 1 & 0 \end{bmatrix}$$

とおく.

$$\frac{d\boldsymbol{u}(x)}{dx} = A(x)\boldsymbol{u}(x)$$

の基本行列を $X(x)$ とし $D = RX(0) + SX(L)$ とすると,

$$X(x) = \begin{bmatrix} 1 & x \\ 0 & 1 \end{bmatrix}, \ D = \begin{bmatrix} 1 & 0 \\ 0 & 0 \end{bmatrix}\begin{bmatrix} 1 & 0 \\ 0 & 1 \end{bmatrix} + \begin{bmatrix} 0 & 0 \\ 1 & 0 \end{bmatrix}\begin{bmatrix} 1 & L \\ 0 & 1 \end{bmatrix} = \begin{bmatrix} 1 & 0 \\ 1 & L \end{bmatrix},$$

$$X(x)^{-1} = \begin{bmatrix} 1 & -x \\ 0 & 1 \end{bmatrix}, \ D^{-1} = \begin{bmatrix} 1 & 0 \\ -L^{-1} & L^{-1} \end{bmatrix}$$

だから $0 \leq \xi \leq x$ のとき

$$G(x, \xi) = X(x)[E - D^{-1}SX(L)]X(\xi)^{-1} = \begin{bmatrix} 1 - L^{-1}x & L^{-1}x\xi - \xi \\ -L^{-1} & L^{-1}\xi \end{bmatrix}$$

であり, $x < \xi \leq L$ のとき

$$G(x, \xi) = X(x)[-D^{-1}SX(L)]X(\xi)^{-1} = \begin{bmatrix} -L^{-1}x & L^{-1}x\xi - x \\ -L^{-1} & L^{-1}\xi - 1 \end{bmatrix}$$

である. これより

$$g(x,\xi) = \begin{cases} L^{-1}x\xi - \xi, & 0 \leq \xi \leq x, \\ L^{-1}x\xi - x, & x < \xi \leq L, \end{cases}$$

$$= (x - \xi)H(x - \xi) + L^{-1}x\xi - x = g(\xi, x) \tag{5.13}$$

が得られる.

付録 A

存 在 定 理

A.1 一様収束

$x \in \mathcal{C}([a,b]; \boldsymbol{C}^n)$ に対して実数 $\|\boldsymbol{x}\|_c$ を

$$\|\boldsymbol{x}\|_c = \sup_{a \leq t \leq b} \|\boldsymbol{x}(t)\| = \sup_{a \leq t \leq b} \sqrt{\sum_{j=1}^{n} |x_j(t)|^2}$$

と定義して x のノルムという.

定義 A.1. 関数列 $\boldsymbol{x}_j \in \mathcal{C}([a,b]; \boldsymbol{C}^n)$, $(j = 1, 2, \ldots)$ が $\boldsymbol{x} \in \mathcal{C}([a,b]; \boldsymbol{C}^n)$ に $[a, b]$ で**一様収束**するとは

$$\|\boldsymbol{x}_j - \boldsymbol{x}\|_c \to 0 \ (j \to \infty)$$

が成り立つことをいう.

例 A.2. 自然数 j に対して関数 $x_j(t) \in \mathcal{C}([0,1]; \boldsymbol{R})$ を次のように定義する.

$$x_j(t) = \begin{cases} 2j^2 t & 0 \leq t \leq 1/(2j) \quad \text{のとき} \\ 2j - 2j^2 t & 1/(2j) \leq t \leq 1/j \quad \text{のとき} \\ 0 & 1/j \leq t \quad \text{のとき} \end{cases}$$

このとき任意の $t \in [0,1]$ に対して $j \to \infty$ のとき $x_j(t) \to 0$ であるが $\|x_j\|_c = j \to \infty$ となる.

上の例では 0 に近い t と 1 に近い t とでは $x_j(t)$ の収束の仕方がだいぶ違う. 一様収束という言葉にはどんな t に対しても同じように（一様に）収束するという意味が込められている.

補題 A.3. $\boldsymbol{x} \in \mathcal{C}([a,b];\boldsymbol{C}^n)$ に対して

$$\left\| \int_a^b \boldsymbol{x}(t)\,dt \right\| \leq \int_a^b \|\boldsymbol{x}(t)\|\,dt \tag{A.1}$$

である.

証明. リーマン和に対する不等式

$$\left\| \sum_{j=1}^m \boldsymbol{x}(t_j)(t_j - t_{j-1}) \right\| \leq \sum_{j=1}^m \|\boldsymbol{x}(t_j)\|(t_j - t_{j-1})$$

の分割 $a = x_0 < x_1 < \ldots < x_m = b$ を細かくした極限として (A.1) が得られる. □

定理 A.4. 関数列 $\boldsymbol{x}_j \in \mathcal{C}([a,b];\boldsymbol{C}^n)$, $(j = 1, 2, \ldots)$ が $\boldsymbol{x} \in \mathcal{C}([a,b];\boldsymbol{C}^n)$ に $[a,b]$ で一様収束すれば

$$\int_a^b \boldsymbol{x}_j(t)\,dt \to \int_a^b \boldsymbol{x}(t)\,dt \ (j \to \infty)$$

である.

証明. $\|\boldsymbol{x}_j - \boldsymbol{x}\|_c \to 0 \ (j \to \infty)$ だから (A.1) より

$$\left\| \int_a^b \boldsymbol{x}_j(t)\,dt - \int_a^b \boldsymbol{x}(t)\,dt \right\| \leq \int_a^b \|\boldsymbol{x}_j(t) - \boldsymbol{x}(t)\|\,dt$$

$$\leq \int_a^b \|\boldsymbol{x}_j - \boldsymbol{x}\|_c\,dt = (b-a)\|\boldsymbol{x}_j - \boldsymbol{x}\|_c \to 0 \ (j \to \infty)$$

となって定理を得る. □

例 A.2 の $x_j(t)$ に対しては $x_j(t) \to 0 \ (j \to \infty)$ にもかかわらず

$$\int_0^1 x_j(t)\,dt = \frac{1}{2}$$

となって

$$\int_0^1 x_j(t)\,dt \to \int_0^1 0\,dt = 0 \ (j \to \infty)$$

とはならない.

定理 A.5. 関数列 $\boldsymbol{x}_j \in \mathcal{C}([a,b];\boldsymbol{C}^n)$, $(j = 1, 2, \ldots)$ が $\boldsymbol{C}^n$ に値をとる (連続かどうかわからない) 関数 $\boldsymbol{x}$ に $[a,b]$ で一様収束すれば, $\boldsymbol{x} \in \mathcal{C}([a,b];\boldsymbol{C}^n)$ である.

証明. $\boldsymbol{x}(t)$ が区間 $[a,b]$ で連続であることを示せばよいが，このようにちょっとややこしくなると，いわゆる ε-δ 法を用いなければならないので少し復習をしよう．「$t \to c$ ならば $\boldsymbol{x}(t) \to \boldsymbol{x}(c)$」は ε-δ 法では，「任意の $\varepsilon > 0$ に対して $\delta > 0$ が存在して $|t - c| < \delta$ ならば $\|\boldsymbol{x}(t) - \boldsymbol{x}(c)\| < \varepsilon$ である」と表現される．また「$j \to \infty$ ならば $\|\boldsymbol{x}_j - \boldsymbol{x}\|_c \to 0$」は，「任意の $\varepsilon > 0$ に対して自然数 N が存在して $j > N$ ならば $\|\boldsymbol{x}_j - \boldsymbol{x}\|_c < \varepsilon$ である」と表現される．

まず $\varepsilon > 0$ を任意に選ぼう．この $\varepsilon > 0$ に対して $j > N$ ならば $\|\boldsymbol{x}_j - \boldsymbol{x}\|_c < \varepsilon/3$ となる自然数 N が存在するから $j > N$ となる j を 1 つ選んで固定する．$\boldsymbol{x}_j(t)$ は $[a,b]$ で連続な関数だから任意の $c \in [a,b]$ に対して $|t - c| < \delta$ ならば $\|\boldsymbol{x}_j(t) - \boldsymbol{x}_j(c)\| < \varepsilon/3$ となる $\delta > 0$ が存在する．さてこの $\delta > 0$ に対して $|t - c| < \delta$ ならば

$$
\begin{aligned}
\|\boldsymbol{x}(t) - \boldsymbol{x}(c)\| &= \|\boldsymbol{x}(t) - \boldsymbol{x}_j(t) + \boldsymbol{x}_j(t) - \boldsymbol{x}_j(c) + \boldsymbol{x}_j(c) - \boldsymbol{x}(c)\| \\
&\leq \|\boldsymbol{x}(t) - \boldsymbol{x}_j(t)\| + \|\boldsymbol{x}_j(t) - \boldsymbol{x}_j(c)\| + \|\boldsymbol{x}_j(c) - \boldsymbol{x}(c)\| \\
&\leq \|\boldsymbol{x} - \boldsymbol{x}_j\|_c + \|\boldsymbol{x}_j(t) - \boldsymbol{x}_j(c)\| + \|\boldsymbol{x}_j - \boldsymbol{x}\|_c \\
&< \frac{\varepsilon}{3} + \frac{\varepsilon}{3} + \frac{\varepsilon}{3} = \varepsilon
\end{aligned}
$$

となるので $\boldsymbol{x}(t)$ が $t = c$ で連続であることが証明された．c は $[a,b]$ の任意の点だから $\boldsymbol{x}(t)$ は $[a,b]$ で連続である． □

実数列 x_j $(j = 1, 2, \ldots)$ の収束に関して次に示すような重要な性質があった．まず，実数列 x_j $(j = 1, 2, \ldots)$ が基本列であるとは，「任意の $\varepsilon > 0$ に対してある自然数 N が存在して $j, k > N$ ならば $|x_j - x_k| < \varepsilon$ である」が成立することであり，そして次の定理が成立するのであった．

定理 A.6 (実数の完備性). 実数列 x_j $(j = 1, 2, \ldots)$ がある実数に収束するための必要十分条件はそれが基本列であることである．

注意 A.7. 任意の基本列が収束する空間を**完備**な空間という．$\boldsymbol{R}$ の完備性を用いて $\boldsymbol{R}^n$ や $\boldsymbol{C}^n$ の完備性を証明することができる．

問題 A.1. $\boldsymbol{R}^n$ の完備性を証明せよ．

$\mathcal{C}([a,b]; \boldsymbol{C}^n)$ における基本列を以下のように定義する．

定義 A.8. 関数列 $\boldsymbol{x}_j \in \mathcal{C}([a,b]; \boldsymbol{C}^n)$ $(j = 1, 2, \ldots)$ が**基本列**であるとは，任意

の $\varepsilon > 0$ に対してある自然数 N が存在して $j, k > N$ ならば $\|\bm{x}_j - \bm{x}_k\|_c < \varepsilon$ となることである.

$\mathcal{C}([a,b]; \bm{C}^n)$ の完備性を示す次の定理が成立する.

定理 A.9. 関数列 $\bm{x}_j \in \mathcal{C}([a,b]; \bm{C}^n)$ $(j = 1, 2, \ldots)$ がある $\bm{x} \in \mathcal{C}([a,b]; \bm{C}^n)$ に収束するための必要十分条件はそれが基本列であることである.

証明. 必要性の証明は実数の場合と同じでやさしいので, 十分性の証明だけを行う. $\bm{x}_j$ を基本列とすると任意の $\varepsilon > 0$ に対して N が存在して $j, k > N$ ならば

$$\|\bm{x}_j(t) - \bm{x}_k(t)\| \leq \|\bm{x}_j - \bm{x}_k\|_c < \frac{\varepsilon}{2} \tag{A.2}$$

となるので, 任意の $t \in [a,b]$ に対して $\bm{x}_j(t) \in \bm{C}^n$ は $\bm{C}^n$ の基本列である. $\bm{C}^n$ は完備なので極限 $\bm{x}(t) = \lim_{k \to \infty} \bm{x}_k(t)$ が存在して (A.2) より $j > N$ ならば $\|\bm{x}_j(t) - \bm{x}(t)\| \leq \varepsilon/2 < \varepsilon$ となる. $t \in [a,b]$ は任意だから $\bm{x}_j(t)$ は $\bm{x}(t)$ に $[a,b]$ で一様収束する. したがって, 定理 A.5 から $\bm{x} \in \mathcal{C}([a,b]; \bm{C}^n)$ がわかる. □

系 A.10. 関数列 $\bm{x}_j \in \mathcal{C}([a,b]; \bm{C}^n)$ $(j = 1, 2, \ldots)$ が $\|\bm{x}_j\|_c < M_j$ を満たしさらに $\sum_{j=1}^{\infty} M_j < \infty$ ならば $\bm{s} = \sum_{j=1}^{\infty} \bm{x}_j \in \mathcal{C}([a,b]; \bm{C}^n)$ である.

証明. $\sum_{j=1}^{\infty} M_j < \infty$ より, 任意の $\varepsilon > 0$ に対して自然数 N が存在して $k > j > N$ ならば $\sum_{i=j+1}^{k} M_i < \varepsilon$ が成立する. $\bm{s}_k = \sum_{i=1}^{k} \bm{x}_i$ とすれば

$$\|\bm{s}_j - \bm{s}_k\|_c \leq \left\| -\sum_{i=j+1}^{k} \bm{x}_i \right\|_c \leq \sum_{i=j+1}^{k} \|\bm{x}_i\|_c \leq \sum_{i=j+1}^{k} M_i < \varepsilon$$

より $\bm{s}_j$ は基本列となり定理 A.9 により $\bm{s} = \sum_{j=1}^{\infty} \bm{x}_j \in \mathcal{C}([a,b]; \bm{C}^n)$ に $[a,b]$ で一様収束する. □

A.2   線形方程式の解の存在

定理 A.11 (存在定理). $A(t)$ を $\boldsymbol{R}$ 全体で定義された連続な行列値関数とする. このとき初期条件 $\boldsymbol{x}(t_0) = \boldsymbol{x}_0$ を満足する

$$\frac{d}{dt}\boldsymbol{x}(t) = A(t)\boldsymbol{x}(t) \tag{A.3}$$

の解が $\boldsymbol{R}$ 全体で存在する.

証明. 関数列 $\{\boldsymbol{x}_j(t)\}$ を次のように構成する.

$$\boldsymbol{x}_0(t) = \boldsymbol{x}_0, \quad \boldsymbol{x}_j(t) = \boldsymbol{x}_0 + \int_{t_0}^{t} A(s)\boldsymbol{x}_{j-1}(s)\,ds \quad (j = 1, 2, \ldots) \tag{A.4}$$

$a > 0$ を任意に決めて

$$L(a) = \max_{|t-t_0| \le a} \|A(t)\|$$

とおく. $|t - t_0| \le a$ のとき (A.4) より

$$\|\boldsymbol{x}_1(t) - \boldsymbol{x}_0\| = \left\|\int_{t_0}^{t} A(s)\boldsymbol{x}_0\,ds\right\| \le \left|\int_{t_0}^{t} \|A(s)\boldsymbol{x}_0\|\,ds\right| \le L(a)\|\boldsymbol{x}_0\||t - t_0|$$

となる.

$$\|\boldsymbol{x}_{k+1}(t) - \boldsymbol{x}_k(t)\| = \left\|\int_{t_0}^{t} A(s)(\boldsymbol{x}_k(s) - \boldsymbol{x}_{k-1}(s))\,ds\right\|$$

$$\le \left|\int_{t_0}^{t} \|A(s)(\boldsymbol{x}_k(s) - \boldsymbol{x}_{k-1}(s))\|\,ds\right|$$

$$\le L(a)\left|\int_{t_0}^{t} \|\boldsymbol{x}_k(s) - \boldsymbol{x}_{k-1}(s)\|\,ds\right| \tag{A.5}$$

となるが $\|\boldsymbol{x}_1(t) - \boldsymbol{x}_0\| \le L(a)\|\boldsymbol{x}_0\||t - t_0|$ より (A.5) で $k = 1$ とおくと

$$\|\boldsymbol{x}_2(t) - \boldsymbol{x}_1(t)\| \le L(a)^2\|\boldsymbol{x}_0\|\left|\int_{t_0}^{t} |s - t_0|\,ds\right| = L(a)^2\|\boldsymbol{x}_0\|\frac{|t - t_0|^2}{2}$$

となる. さらにこの式と (A.5) で $k = 2$ とおいた式から

$$\|\boldsymbol{x}_3(t) - \boldsymbol{x}_2(t)\| \le L(a)^3\|\boldsymbol{x}_0\|\left|\int_{t_0}^{t} \frac{|s - t_0|^2}{2}\,ds\right| = \|\boldsymbol{x}_0\|L(a)^3\frac{|t - t_0|^3}{3!}$$

が得られ, これを続けると

$$\|\boldsymbol{x}_k(t) - \boldsymbol{x}_{k-1}(t)\| \le \|\boldsymbol{x}_0\|L(a)^k\frac{|t - t_0|^k}{k!}$$

となり,

$$\sum_{k=1}^{\infty} \|\boldsymbol{x}_0\| L(a)^k \frac{|t-t_0|^k}{k!} = \|\boldsymbol{x}_0\|(e^{L(a)|t-t_0|} - 1)$$

となるので系 A.10 により級数

$$\sum_{k=1}^{\infty} (\boldsymbol{x}_k(t) - \boldsymbol{x}_{k-1}(t))$$

は区間 $|t - t_0| \le a$ で一様収束する. したがって,

$$\boldsymbol{x}_j(t) = \boldsymbol{x}_0(t) + \sum_{k=1}^{j} (\boldsymbol{x}_k(t) - \boldsymbol{x}_{k-1}(t))$$

も $j \to \infty$ のとき区間 $|t - t_0| \le a$ で一様収束するのでその極限を $\boldsymbol{x}(t)$ とする. また $A(t)\boldsymbol{x}_j(t)$ も $A(t)\boldsymbol{x}(t)$ に一様収束するから定理 A.4 と (A.4) より

$$\boldsymbol{x}(t) = \boldsymbol{x}_0 + \int_{t_0}^{t} A(s)\boldsymbol{x}(s)\,ds \tag{A.6}$$

が得られる. 両辺を t で微分して $\boldsymbol{x}(t)$ は (A.3) の解であることがわかる. $a > 0$ はいくらでも大きくとれるので $\boldsymbol{x}(t)$ は $\boldsymbol{R}$ 全体で定義された関数である. □

注意 A.12. $\boldsymbol{x}_m(t) = \displaystyle\sum_{k=0}^{m} \int_{t_0}^{t} ds_k \cdots \int_{t_0}^{s_3} ds_2 \int_{t_0}^{s_2} ds_1 A(s_k) \cdots A(s_2) A(s_1) \boldsymbol{x}_0$ となっているので, $\boldsymbol{e}_j$ を第 j 成分だけが 1 で他の成分はすべて 0 であるベクトルとするとき, 行列 M の (i,j) 成分はベクトル $M\boldsymbol{e}_j$ の第 i 成分であることに注意すると行列

$$\sum_{k=0}^{m} \int_{t_0}^{t} ds_k \cdots \int_{t_0}^{s_3} ds_2 \int_{t_0}^{s_2} ds_1 A(s_k) \cdots A(s_2) A(s_1)$$

の (i,j) 成分も収束するので行列

$$\sum_{k=0}^{\infty} \int_{t_0}^{t} ds_k \cdots \int_{t_0}^{s_3} ds_2 \int_{t_0}^{s_2} ds_1 A(s_k) \cdots A(s_2) A(s_1)$$

が定まり, これが (3.12) の $U(t, t_0)$ である.

$A(t)$ が定数行列 A のときは

$$\sum_{k=0}^{m} \frac{(t-t_0)^k A^k}{k!}$$

であり，この極限を $e^{(t-t_0)A}$ と書いたのであった．

A.3　非線形方程式の解の存在

定理 4.1 の証明を与える．

証明.　非線形方程式 (4.3) の場合には (A.4) の代わりに関数列 $\boldsymbol{x}_j(t)$ を

$$\boldsymbol{x}_0(t) = \boldsymbol{x}_0, \quad \boldsymbol{x}_j(t) = \boldsymbol{x}_0 + \int_{t_0}^{t} \boldsymbol{f}(s, \boldsymbol{x}_{j-1}(s))\,ds \quad (j = 1, 2, \dots)$$

で定義する．この関数列が $\|\boldsymbol{x}_j(t) - \boldsymbol{x}_0\| \le b$ を満たせば $\boldsymbol{x}_j(t)$ は $\boldsymbol{f}(t, \boldsymbol{x})$ の定義域に入るので (A.5) は (4.5) の L に対して

$$\|\boldsymbol{x}_{k+1}(t) - \boldsymbol{x}_k(t)\| = \left\| \int_{t_0}^{t} \boldsymbol{f}(s, \boldsymbol{x}_k(s)) - \boldsymbol{f}(s, \boldsymbol{x}_{k-1}(s))\,ds \right\|$$

$$\le L \left| \int_{t_0}^{t} \|\boldsymbol{x}_k(s) - \boldsymbol{x}_{k-1}(s)\|\,ds \right|$$

となり，線形の場合と同様に $\boldsymbol{x}_j(t)$ は $\boldsymbol{x}(t)$ に収束して解になる．そして (4.4) の M に対して $|t - t_0| \le c = \min(a, b/M)$ ならば

$$\|\boldsymbol{x}_j(t) - \boldsymbol{x}_0\| = \left\| \int_{t_0}^{t} \boldsymbol{f}(s, \boldsymbol{x}_{j-1}(s))\,ds \right\| \le Mc \le Mb/M = b$$

が帰納的に示されるので証明は完結する． □

問題解答

問題 1.1　$P(D)$ の次数 k に関する数学的帰納法で示す．まず $k = 1$ のとき成立することを示す．$(D - \lambda_1)y = 0$ の解は $(D - \lambda_1)[e^{\lambda_1 t}e^{-\lambda_1 t}y] = e^{\lambda_1 t}D[e^{-\lambda_1 t}y] = 0$ より $e^{-\lambda_1 t}y = c_{11}$ となる．ここで $c_{11} = y(0)$ である．$y = c_{11}e^{\lambda_1 t}$ となることより $k = 1$ のときは示された.

次に $k = n$ のとき成立することを仮定して，$k = n + 1$ のときに成立することを示す．$n + 1$ 階方程式

$$(D - \lambda_1)^{\ell_1}(D - \lambda_2)^{\ell_2} \ldots (D - \lambda_r)^{\ell_r}(D - \lambda)y = 0$$

の解を考える．$(D - \lambda)y = z$ は n 階方程式

$$(D - \lambda_1)^{\ell_1}(D - \lambda_2)^{\ell_2} \ldots (D - \lambda_r)^{\ell_r}z = 0$$

の解だから，帰納法の仮定より

$$z = (c_{11} + c_{12}t + \ldots c_{1\ell_1}t^{\ell_1 - 1})e^{\lambda_1 t} + (c_{21} + c_{22}t + \ldots c_{2\ell_2}t^{\ell_2 - 1})e^{\lambda_2 t}$$
$$+ \cdots + (c_{r1} + c_{r2}t + \ldots c_{r\ell_r}t^{\ell_r - 1})e^{\lambda_r t}$$

で，定数 $c_{11}, \ldots, c_{r\ell_r}$ は $z(0) = y'(0) - \lambda y(0), \ldots, z^{(n-1)}(0) = y^{(n)}(0) - \lambda y^{(n-1)}(0)$ $(n = \ell_1 + \ell_2 + \ldots + \ell_r)$ の値によって一意的に決まる．そこで方程式 $(D - \lambda)y = z$ を考える．$(D - \lambda)[e^{\lambda t}e^{-\lambda t}y] = e^{\lambda t}D[e^{-\lambda t}y] = z$ より $D[e^{-\lambda t}y] = e^{-\lambda t}z$ となり $y = e^{\lambda t}\int e^{-\lambda t}z(t)\,dt + de^{\lambda t}$ となる．d は積分定数で $y(0)$ の値により決まる．
1) すべての j $(1 \le j \le r)$ に対して $\lambda \ne \lambda_j$ の場合は

$$e^{\lambda t}\int (c_{j1} + c_{j2}t + \ldots c_{j\ell_j}t^{\ell_j - 1})e^{(\lambda_j - \lambda)t}\,dt \tag{1}$$

を求めればよい．部分積分

$$\int t^s e^{\mu t}\,dt = t^s \frac{e^{\mu t}}{\mu} - \int st^{s-1}\frac{e^{\mu t}}{\mu}\,dt$$

を繰り返し用いることにより (1) は

$$(d_{j1} + d_{j2}t + \ldots d_{j\ell_j}t^{\ell_j - 1})e^{\lambda_j t}$$

となる．$d_{j1}, \ldots, d_{j\ell_j}$ は $c_{j1}, \ldots, c_{j\ell_j}$ の 1 次結合で表される．したがって，解は

$$y = (d_{11} + d_{12}t + \ldots d_{1\ell_1}t^{\ell_1 - 1})e^{\lambda_1 t} + (d_{21} + d_{22}t + \ldots d_{2\ell_2}t^{\ell_2 - 1})e^{\lambda_2 t}$$
$$+ \cdots + (d_{r1} + d_{r2}t + \ldots d_{r\ell_r}t^{\ell_r - 1})e^{\lambda_r t} + de^{\lambda t}$$

で, 定数 $d_{11}, \ldots, d_{r\ell_r}, d$ は $y(0), \ldots, y^{(n)}(0)$ $(n = \ell_1 + \ell_2 + \ldots + \ell_r)$ の値によって一意的に決まる.

2) ある λ_j に対して $\lambda = \lambda_j$ となる場合は (1) の形をしたものの他に

$$e^{\lambda_j t} \int (c_{j1} + c_{j2}t + \ldots c_{j\ell_j} t^{\ell_j - 1})\, dt \tag{2}$$

が現れるが, これが

$$(d_{j1} + d_{j2}t + \ldots d_{j\ell_j + 1} t^{\ell_j})e^{\lambda_j t}$$

なる形をしていることは明かである. したがって, 解は

$$y = (d_{11} + d_{12}t + \ldots d_{1\ell_1} t^{\ell_1 - 1})e^{\lambda_1 t} + (d_{21} + d_{22}t + \ldots d_{2\ell_2} t^{\ell_2 - 1})e^{\lambda_2 t}$$

$$+ \cdots + (d_{j1} + d_{j2}t + \ldots d_{j\ell_j + 1} t^{\ell_j})e^{\lambda_j t} + \cdots + (d_{r1} + d_{r2}t + \ldots d_{r\ell_r} t^{\ell_r - 1})e^{\lambda_r t}$$

で, 定数 $d_{11}, \ldots, d_{r\ell_r}$ は $y(0), \ldots, y^{(n)}(0)$ $(n = \ell_1 + \ell_2 + \ldots + \ell_r)$ の値によって一意的に決まる.

問題 1.2 $D^2 y = 0$ の一般解は 1 と t の 1 次結合. $(D+2)^2 y = 0$ の一般解は e^{-2t} と te^{-2t} の 1 次結合. $(D^2 - 2D + 2)^2 y = 0$ の一般解は $e^t \cos t$ と $e^t \sin t$ と $te^t \cos t$ と $te^t \sin t$ の 1 次結合. これより一般解は

$$y = c_1 + c_2 t + c_3 e^{-2t} + c_4 t e^{-2t} + c_5 e^t \cos t + c_6 e^t \sin t + c_7 t e^t \cos t + c_8 t e^t \sin t$$

である.

問題 1.3   (i) $\lambda^2 + 4\lambda + 3 = (\lambda + 1)(\lambda + 3) = 0$ より一般解は $y = c_1 e^{-t} + c_2 e^{-3t}$
(ii) $\lambda^2 - 4\lambda + 4 = (\lambda - 2)^2 = 0$ より一般解は $y = c_1 e^{2t} + c_2 t e^{2t}$
(iii) $\lambda^2 + 1 = 0$ より解は $\lambda = \pm i$. したがって, 一般解は $y = c_1 \cos t + c_2 \sin t$

問題 1.4   正数 ε に対して $\lim\limits_{\varepsilon \to 0} a * b(t + \varepsilon) = a * b(t)$ を示す.

$$a * b(t + \varepsilon) = \int_0^{t+\varepsilon} a(t + \varepsilon - \tau)b(\tau)\, d\tau$$

$$= \int_0^t a(t + \varepsilon - \tau)b(\tau)\, d\tau + \int_t^{t+\varepsilon} a(t + \varepsilon - \tau)b(\tau)\, d\tau = I_{1,\varepsilon} + I_{2,\varepsilon}$$

とおく. $\varepsilon \to 0$ のとき $\tau \in [0, t]$ で一様に $a(t + \varepsilon - \tau) \to a(t - \tau)$ となるので $I_{1,\varepsilon} \to \int_0^t a(t - \tau)b(\tau)\, d\tau = a * b(t)$ となる. また A, B をそれぞれ区間 $[0, t+1]$ における $|a(\tau)|, |b(\tau)|$ の最大値とすれば $\varepsilon \leq 1$ として

$$|I_{2,\varepsilon}| \leq \int_t^{t+\varepsilon} AB\, d\tau = \varepsilon AB$$

となり $\varepsilon \to 0$ のとき $I_{2,\varepsilon} \to 0$ となる. このことより $a * b(t + \varepsilon) \to a * b(t)$ が示された. $\varepsilon \leq 0$ の場合も同様である.

問題 1.5 $a * (b + c)(t) = \displaystyle\int_0^t a(t - \tau)(b(\tau) + c(\tau))\, d\tau$

$$= \int_0^t a(t - \tau)b(\tau)\, d\tau + \int_0^t a(t - \tau)c(\tau)\, d\tau = a * b(t) + a * c(t)$$

問題 1.6　数学的帰納法で証明する．$h = \{1\}$ だから $k = 1$ のとき証明すべき式は正しい．$k = r$ のとき正しいと仮定すると

$$h^{r+1} = hh^r = \int_0^t \frac{\tau^{r-1}}{(r-1)!}\,d\tau = \frac{t^r}{r!}$$

となって $k = r+1$ でも正しいことがわかる．

問題 1.7　$a \in \mathcal{C}([0,\infty); \boldsymbol{C})$, $p \in P$ とする．$p \neq 0$ ならば

$$p(h) = b(h - \lambda_1)^{\ell_1} \cdots (h - \lambda_r)^{\ell_r}, \ b \neq 0$$

と表されるので $(h-\lambda)^\ell a = 0$ ならば $a = 0$ であることが示されればよい．$(h-\lambda)a = 0$ より

$$\int_0^t a(\tau)\,d\tau = \lambda a(t), \ a(t) = \lambda\frac{da(t)}{dt}$$

$\lambda \neq 0$ のとき，この方程式の一般解は $ce^{t/\lambda}$ で $a(0) = 0$ より $a(t) = 0$ となる．$\lambda = 0$ のときには $a(t) = 0$ となるのは明かである．これを繰り返して $(h - \lambda)^\ell a = 0$ ならば $a = 0$ であることが示される．

問題 1.8　$e^{\alpha t} \cosh \beta t = \dfrac{e^{(\alpha+\beta)t} + e^{(\alpha-\beta)t}}{2}$, $e^{\alpha t} \sinh \beta t = \dfrac{e^{(\alpha+\beta)t} - e^{(\alpha-\beta)t}}{2}$ より関係式 (1.20) を用いれば

$$\{e^{\alpha t} \cosh \beta t\} = \frac{1}{2}\left(\frac{1}{s - \alpha - \beta} + \frac{1}{s - \alpha + \beta}\right) = \frac{s - \alpha}{(s - \alpha)^2 - \beta^2},$$

$$\{e^{\alpha t} \sinh \beta t\} = \frac{1}{2}\left(\frac{1}{s - \alpha - \beta} - \frac{1}{s - \alpha + \beta}\right) = \frac{\beta}{(s - \alpha)^2 - \beta^2}$$

問題 1.9　$D(D - 1)[e^t e^{-t}y] = 2te^t$ より $(D + 1)D[e^{-t}y] = 2t$ を得る．

$$
\begin{array}{r}
t^2 - 2t \\
\hline
D + D^2 \ ) \ 2t \\
\underline{2t + 2} \\
-2 \\
\underline{-2} \\
0
\end{array}
$$

より $(D + D^2)(t^2 - 2t) = 2t$ となり，$e^{-t}y = t^2 - 2t$ より $y = (t^2 - 2t)e^t$ がわかる．

問題 1.10　$\lambda^2 - 2\lambda + 2 = (\lambda - 1 - i)(\lambda - 1 + i) = (\lambda - \alpha)(\lambda - \bar{\alpha})$, $(\alpha = 1 + i, \bar{\alpha} = 1 - i)$ と因数分解され，$e^{(1+i)t} = e^t(\cos t + i \sin t)$ となることに注意して，実数値関数 y_1, y_2 に対して $y = y_1 + iy_2$ とおくと

$$(D^2 - 2D + 2)y = (D^2 - 2D + 2)(y_1 + iy_2) = e^t(\cos t + i \sin t) = e^{\alpha t}$$

となるので $(D^2 - 2D + 2)y = e^{\alpha t}$ の解の実部 y_1 が求めるものである．

$$(D - \alpha)(D - \bar{\alpha})[e^{\alpha t}e^{-\alpha t}y] = e^{\alpha t}D(D + \alpha - \bar{\alpha})[e^{-\alpha t}y] = e^{\alpha t}$$

より $D(D + 2i)[e^{-\alpha t}y] = 1$ を得る.

$$2iD + D^2 \overline{\smash{)}\ \begin{array}{l} t/(2i) \\ 1 \\ \hline 1 \\ \hline 0 \end{array}}$$

より $y = \dfrac{t}{2i}e^{\alpha t} = \dfrac{t}{2i}e^t(\cos t + i \sin t)$. これの実部

$y_1 = \dfrac{t}{2}e^t \sin t$ が 1 つの解である.

問題 2.1 $v_1, \ldots, v_\mu$ が W_k を法として 1 次独立ならば 1) と 2) が成立するのは定義からすぐわかる. 逆に 1) と 2) が成立するとする. $c_1 v_1 + \ldots + c_\mu v_\mu \in W_k$ とすると 2) より $c_1 v_1 + \ldots + c_\mu v_\mu \in V \cap W_k = \{\mathbf{0}\}$ となり 1) より $c_1 = \ldots = c_\mu = 0$ となる. これは $v_1, \ldots, v_\mu$ が W_k を法として 1 次独立であることを示している.

問題 2.2 1 次独立なベクトル $u_1, \ldots, u_{r_\nu}$ で張られる r_ν 次元ベクトル空間を V とすると $W_\nu = W_{\nu-1} + V$ より, 一般に $m_\nu \leq m_{\nu-1} + r_\nu$ が成り立ち, 等号が成り立つのは $W_{\nu-1} \cap V = \{\mathbf{0}\}$ となるときである. 問題 2.1 の条件 1) と 2) を満たしているので $u_1, \ldots, u_{r_\nu}$ は $W_{\nu-1}$ を法として 1 次独立である.

問題 2.3 $c_1 N u_1 + \cdots + c_{r_\nu} N u_{r_\nu} \in W_{\nu-2}$ とすると, $N^{\nu-2}(c_1 N u_1 + \ldots + c_{r_\nu} N u_{r_\nu}) = N^{\nu-1}(c_1 u_1 + \cdots + c_{r_\nu} u_{r_\nu}) = \mathbf{0}$ より $c_1 u_1 + \cdots + c_{r_\nu} u_{r_\nu} \in W_{\nu-1}$ となる. $u_1, \ldots, u_{r_\nu}$ は $W_{\nu-1}$ を法として 1 次独立だから $c_1 = \cdots = c_{r_\nu} = 0$ となるので $N u_1, \ldots, N u_{r_\nu}$ も $W_{\nu-2}$ を法として 1 次独立であることがわかる.

問題 2.4 A を $n \times n$ 行列とする.

$$N = \begin{bmatrix} 0 & 1 & & & O \\ & \ddots & \ddots & & \\ & & \ddots & 1 \\ O & & & 0 \end{bmatrix}$$

とおき, E を単位行列とすれば, $A = \lambda E + N$ であり

$$e^{tA} = e^{t\lambda E}e^{tN} = e^{t\lambda}\left(E + tN + \frac{t^2 N^2}{2!} + \ldots + \frac{t^{n-1}N^{n-1}}{(n-1)!}\right)$$

$$= e^{t\lambda}\begin{bmatrix} 1 & t & \frac{t^2}{2!} & \cdots & \frac{t^{n-2}}{(n-2)!} & \frac{t^{n-1}}{(n-1)!} \\ & 1 & t & \cdots & \frac{t^{n-3}}{(n-3)!} & \frac{t^{n-2}}{(n-2)!} \\ & & \ddots & \ddots & \vdots & \vdots \\ & & & \ddots & t & \frac{t^2}{2!} \\ & O & & & 1 & t \\ & & & & & 1 \end{bmatrix}$$

となる.

問題 2.5 $|\lambda E - P|$ の第 2 列に λ を掛けて第 1 列に加え, 第 3 列に λ^2 を掛けてま

た第 1 列に加える．これを第 n 列まで続けると

$$\begin{vmatrix} 0 & -1 & & & O \\ & \lambda & \ddots & & \\ & & \ddots & -1 & \\ O & & \lambda & -1 \\ P(\lambda) & p_{n-1} & \cdots & p_2 & \lambda+p_1 \end{vmatrix} = (-1)^{n+1}P(\lambda)\begin{vmatrix} -1 & & & O \\ \lambda & -1 & & \\ & \ddots & \ddots & \\ O & & \lambda & -1 \end{vmatrix}$$

$$= (-1)^{n-1}(-1)^{n+1}P(\lambda) = P(\lambda)$$

問題 2.6　行列

$$A = \begin{bmatrix} -5 & -2 & 2 \\ 9 & 4 & -3 \\ -12 & -4 & 5 \end{bmatrix}$$

に対して $|A - \lambda E| = -\lambda^3 + 4\lambda^2 - 5\lambda + 2 = -(\lambda-1)^2(\lambda-2) = 0$ となることより A の固有値は $\lambda = 1$ (2 重解) と $\lambda = 2$ である．行列

$$A - E = \begin{bmatrix} -6 & -2 & 2 \\ 9 & 3 & -3 \\ -12 & -4 & 4 \end{bmatrix}, \quad A - 2E = \begin{bmatrix} -7 & -2 & 2 \\ 9 & 2 & -3 \\ -12 & -4 & 3 \end{bmatrix}$$

に対して，$A - E$ の階数を調べると 1 であることがわかるから $(A-E)\boldsymbol{u} = \boldsymbol{0}$ の解空間の次元は 2 である．

$$(A - E)\boldsymbol{u} = \boldsymbol{0},\ (A - E)\boldsymbol{v} = \boldsymbol{0},\ (A - 2E)\boldsymbol{w} = \boldsymbol{0}$$

なるベクトルを求めると，1 つの解として

$$\boldsymbol{u} = \begin{bmatrix} 1 \\ -1 \\ 2 \end{bmatrix},\ \boldsymbol{v} = \begin{bmatrix} 0 \\ 1 \\ 1 \end{bmatrix},\ \boldsymbol{w} = \begin{bmatrix} 2 \\ -3 \\ 4 \end{bmatrix}$$

が得られる．$P = [\boldsymbol{u}\ \boldsymbol{v}\ \boldsymbol{w}]$ とすればジョルダン標準形は

$$P^{-1}AP = \begin{bmatrix} 1 & 0 & 0 \\ 0 & 1 & 0 \\ 0 & 0 & 2 \end{bmatrix}$$

となることがわかる．方程式の一般解は

$$\boldsymbol{x}_1(t) = e^t\boldsymbol{u},\ \boldsymbol{x}_2(t) = e^t\boldsymbol{v},\ \boldsymbol{x}_3(t) = e^{2t}\boldsymbol{w}$$

として，$\boldsymbol{x}(t) = c_1\boldsymbol{x}_1(t) + c_2\boldsymbol{x}_2(t) + c_3\boldsymbol{x}_3(t)$ である．

別解　注意 2.16 の方法を使う．$|A - \lambda E| = -\lambda^3 + 4\lambda^2 - 5\lambda + 2 = -(\lambda-1)^2(\lambda-2) = 0$ より固有値は $\lambda = 1$ (2 重解) と $\lambda = 2$ である．したがって，一般解は $\boldsymbol{x}(t) = e^t\boldsymbol{u} + te^t\boldsymbol{v} + e^{2t}\boldsymbol{w}$ なる形をしているはずである．これを方程式に代入すると，

$e^t\boldsymbol{u} + (e^t + te^t)\boldsymbol{v} + 2e^{2t}\boldsymbol{w} = e^t A\boldsymbol{u} + te^t A\boldsymbol{v} + e^{2t} A\boldsymbol{w}$ となり，e^t, te^t, e^{2t} の係数を比較して

$$\boldsymbol{v} = (A - E)\boldsymbol{u}, \ \boldsymbol{v} = A\boldsymbol{v}, \ 2\boldsymbol{w} = A\boldsymbol{w}$$

が得られる．これらを満足するベクトルは

$$\boldsymbol{u}_1 = \begin{bmatrix} 1 \\ -1 \\ 2 \end{bmatrix}, \ \boldsymbol{u}_2 = \begin{bmatrix} 0 \\ 1 \\ 1 \end{bmatrix}, \ \boldsymbol{u}_3 = \begin{bmatrix} 2 \\ -3 \\ 4 \end{bmatrix}$$

として $\boldsymbol{v} = c_1\boldsymbol{u}_1 + c_2\boldsymbol{u}_2, \ \boldsymbol{w} = c_3\boldsymbol{u}_3$ となるがこれらの $\boldsymbol{v}$ に対して $\boldsymbol{v} = (A-E)\boldsymbol{u}$ となる $\boldsymbol{u}$ が存在するためには $\boldsymbol{v} = \boldsymbol{0}$ でなければならない．なぜなら $\boldsymbol{u} = a_1\boldsymbol{u}_1 + a_2\boldsymbol{u}_2 + a_3\boldsymbol{u}_3$ とおいて

$$c_1\boldsymbol{u}_1 + c_2\boldsymbol{u}_2 = \boldsymbol{v} = (A - E)\boldsymbol{u} = a_3\boldsymbol{u}_3$$

を満たすためには $\boldsymbol{u}_1, \boldsymbol{u}_2, \boldsymbol{u}_3$ が 1 次独立だから $c_1 = c_2 = a_3 = 0$ でなければならないからである．そのとき $\boldsymbol{u} = c_1\boldsymbol{u}_1 + c_2\boldsymbol{u}_2$ となる．したがって，方程式の一般解は

$$e^t(c_1\boldsymbol{u}_1 + c_2\boldsymbol{u}_2) + e^{2t}c_3\boldsymbol{u}_3$$

となって前と同じになる．

問題 2.7 式 (2.16) より固有値 $\lambda \neq 0$ に対応する固有ベクトル $\boldsymbol{u}$ に対しては，$A^{-1}\boldsymbol{u} = \lambda^{-1}\boldsymbol{u}$ となる．式 (2.15) により

$$\boldsymbol{x}(t) = -\sum_{r=0}^{m} A^{-r-1} D^r t^m \boldsymbol{u} = -\frac{m! t^m}{\lambda} \sum_{r=0}^{m} \frac{1}{r! \lambda^r t^r} \boldsymbol{u}$$

となる．$\lambda = 0$ のときには $A\boldsymbol{u} = \boldsymbol{0}$ となることより $\boldsymbol{x}(t) = t^{m+1}\boldsymbol{u}/(m+1)$ が解となる．

問題 3.1 $y(s) = C$ なる解は

$$y(t) = e^{-\sin t} e^{\sin s} \left\{ \int_s^t e^{\sin r} e^{-\sin s} \cos r \sin r \, dr + C \right\}$$

$$= e^{-\sin t} \left\{ \int_s^t e^{\sin r} \cos r \sin r \, dr + C e^{\sin s} \right\}$$

$$= e^{-\sin t} \left\{ [e^{\sin r} \sin r]_s^t - \int_s^t e^{\sin r} \cos r \, dr + C e^{\sin s} \right\}$$

$$= e^{-\sin t} \left\{ [e^{\sin r} \sin r]_s^t - [e^{\sin r}]_s^t + C e^{\sin s} \right\}$$

$$= \sin t - 1 + e^{-\sin t} \{ e^{\sin s}(1 - \sin s) + C e^{\sin s} \}$$

問題 3.2 $A(r_1)$ と $A(r_1)$ は可換なので $U(t,s) = e^{\int_s^t A(r)\,dr}$ となり $\int_s^t A(r)\,dr = \begin{bmatrix} t-s & \sin t - \sin s \\ 0 & t-s \end{bmatrix}$ であることより $U(t,s) = e^{t-s}\begin{bmatrix} 1 & \sin t - \sin s \\ 0 & 1 \end{bmatrix}$

問題 3.3　$U = O$ あるいは $V = O$ なら明らかなので $U \neq O, V \neq O$ とし $u'_{ij} = u_{ij}/\|U\|$, $v'_{ij} = v_{ij}/\|V\|$ とおく. 不等式 $2|uv| \leq |u|^2 + |v|^2$ を用いると

$$\frac{1}{\|U\|\|V\|} \sum_{i,j=1}^{n} |u_{ij}v_{ij}| = \sum_{i,j=1}^{n} |u'_{ij}v'_{ij}| \leq \frac{1}{2} \sum_{i,j=1}^{n} (|u'_{ij}|^2 + |v'_{ij}|^2) = 1$$

より $\sum_{i,j=1}^{n} |u_{ij}v_{ij}| \leq \|U\|\|V\|$ が得られ, これを用いると

$$\|U + V\|^2 = \sum_{i,j=1}^{n} |u_{ij} + v_{ij}|^2 \leq \sum_{i,j=1}^{n} (|u_{ij}|^2 + 2|u_{ij}v_{ij}| + |v_{ij}|^2)$$

$$\leq \|U\|^2 + 2\|U\|\|V\| + \|V\|^2 = (\|U\| + \|V\|)^2$$

が得られ $\|U + V\| \leq \|U\| + \|V\|$ が得られる. また

$$\|aU\|^2 = \sum_{i,j=1}^{n} |a|^2 |u_{ij}|^2 = |a|^2 \sum_{i,j=1}^{n} |u_{ij}|^2 = |a|\|U\|$$

より $\|aU\| = |a|\|U\|$ が得られる.

問題 3.4　$$\|UV\|^2 = \sum_{i,k=1}^{n} \left| \sum_{j=1}^{n} u_{ij}v_{jk} \right|^2$$

$$\leq \sum_{i,k=1}^{n} \left(\sum_{j=1}^{n} |u_{ij}^2| \right) \left(\sum_{j=1}^{n} |v_{jk}|^2 \right) = \|U\|^2 \|V\|^2,$$

$$\|U\boldsymbol{x}\|^2 = \sum_{i=1}^{n} |\sum_{j=1}^{n} u_{ij}\boldsymbol{x}_j|^2$$

$$\leq \sum_{i=1}^{n} \left(\sum_{j=1}^{n} |u_{ij}^2| \right) \left(\sum_{j=1}^{n} |\boldsymbol{x}_j|^2 \right) = \|U\|^2 \|\boldsymbol{x}\|^2$$

より従う.

問題 3.5　方程式 $dx_1(t)/dt = x_1(t)$ の一般解は $x_1(t) = c_1 e^t$ である. また, 方程式 $dx_2(t)/dt = 2x_2(t) + c_1 e^t \cos t$ の一般解は $x_2 = c_1 e^t (\sin t - \cos t)/2 + c_2 e^{2t}$ である. したがって, $X(0) = E$ なる基本行列は

$$X(t) = \begin{bmatrix} e^t & 0 \\ e^t(\sin t - \cos t)/2 + e^{2t}/2 & e^{2t} \end{bmatrix}$$

であるから, 注意 3.18 より

$$P = X(2\pi) = \begin{bmatrix} e^{2\pi} & 0 \\ -e^{2\pi}/2 + e^{4\pi}/2 & e^{4\pi} \end{bmatrix}$$

である. P の固有値が $e^{2\pi}$ と $e^{4\pi}$ であるのはすぐわかり, P は

$$R = \begin{bmatrix} 1 & 0 \\ -1/2 & 1 \end{bmatrix}, \quad R^{-1}PR = \begin{bmatrix} e^{2\pi} & 0 \\ 0 & e^{4\pi} \end{bmatrix} = \exp\left\{ 2\pi \begin{bmatrix} 1 & 0 \\ 0 & 2 \end{bmatrix} \right\}$$

と対角化される. したがって,

$$L = R \begin{bmatrix} 1 & 0 \\ 0 & 2 \end{bmatrix} R^{-1} = \begin{bmatrix} 1 & 0 \\ 1/2 & 2 \end{bmatrix}$$

である. なぜなら

$$e^{2\pi L} = \exp\left\{ 2\pi R \begin{bmatrix} 1 & 0 \\ 0 & 2 \end{bmatrix} R^{-1} \right\} = R \exp\left\{ 2\pi \begin{bmatrix} 1 & 0 \\ 0 & 2 \end{bmatrix} \right\} R^{-1} = P$$

となるからである. $F(t)$ は

$$F(t) = X(t)e^{-tL} = X(t)R \begin{bmatrix} e^{-t} & 0 \\ 0 & e^{-2t} \end{bmatrix} R^{-1}$$

$$= \begin{bmatrix} 1 & 0 \\ (\sin t - \cos t)/2 & 1 \end{bmatrix} \begin{bmatrix} 1 & 0 \\ 1/2 & 1 \end{bmatrix} = \begin{bmatrix} 1 & 0 \\ (\sin t - \cos t)/2 + 1/2 & 1 \end{bmatrix}$$

である.

別解　基本行列 $Y(t)$ を次のように選ぶ.

$$Y(t) = \begin{bmatrix} e^t & 0 \\ e^t(\sin t - \cos t)/2 & e^{2t} \end{bmatrix} = \begin{bmatrix} 1 & 0 \\ (\sin t - \cos t)/2 & 1 \end{bmatrix} \begin{bmatrix} e^t & 0 \\ 0 & e^{2t} \end{bmatrix}.$$

これより, $F(t) = \begin{bmatrix} 1 & 0 \\ (\sin t - \cos t)/2 & 1 \end{bmatrix}$, $L = \begin{bmatrix} 1 & 0 \\ 0 & 2 \end{bmatrix}$ がわかり $Y(t + 2\pi) =$

$\begin{bmatrix} e^t e^{2\pi} & 0 \\ e^t e^{2\pi}(\sin t - \cos t)/2 & e^{2t} e^{4\pi} \end{bmatrix} = \begin{bmatrix} e^t & 0 \\ e^t(\sin t - \cos t)/2 & e^{2t} \end{bmatrix} \begin{bmatrix} e^{2\pi} & 0 \\ 0 & e^{4\pi} \end{bmatrix}$ より

$Q = \begin{bmatrix} e^{2\pi} & 0 \\ 0 & e^{4\pi} \end{bmatrix}$ がわかる.

コメント　2つの基本行列 $X(t), Y(t)$ に対しては, 注意 3.17 のように $Y(t) = X(t)R$ となり, $Q = R^{-1}PR$ となっている.

問題 3.6　与えられた方程式は

$$y'' - \frac{t}{t-1}y' + \frac{1}{t-1}y = \left(D - \frac{1}{t-1} \right)(D-1)y = 0$$

と書き直される. $y_1' - \frac{1}{t-1}y_1 = 0$ の一般解は

$$y_1(t, C_1) = C_1 e^{\int \frac{1}{t-1}\,dt} = C_1(t-1).$$

$y' - y = y_1(t, C_1)$ の一般解は

$$y = e^t \left(\int C_1(t-1)e^{-t}\,dt + C_2 \right) = e^t \left(-C_1 t e^{-t} + C_2 \right) = -C_1 t + C_2 e^t.$$

問題 3.7　与えられた方程式は $D(D+t)y = 0$.
$Dy_1 = 0$ の一般解は $y_1(t, C_1) = C_1$. $y' + ty = y_1(t, C_1)$ の一般解は

$$y = e^{-t^2/2} \left(\int C_1 e^{t^2/2} \, dt + C_2 \right).$$

別解　$y = e^{-t^2/2}$ が解になるのがわかるので，例 3.23 の方法を用いる.

$$e^{-t^2/2} y' + te^{-t^2/2} y = C \exp\left(-\int t \, dt \right)$$

より $y' + ty = C$ となり結局同じものが得られる.

問題 3.8　$y = \displaystyle\sum_{k=0}^{\infty} a_k t^k$, $y' = \displaystyle\sum_{k=1}^{\infty} k a_k t^{k-1}$, $y'' = \displaystyle\sum_{k=2}^{\infty} k(k-1) a_k t^{k-2}$
を方程式に代入すると

$$0 = \sum_{k=2}^{\infty} k(k-1) a_k t^{k-2} + \sum_{k=1}^{\infty} k a_k t^{k+1} + \sum_{k=0}^{\infty} 3 a_k t^{k+1}$$

$$= \sum_{k=0}^{\infty} (k+2)(k+1) a_{k+2} t^k + \sum_{k=2}^{\infty} (k-1) a_{k-1} t^k + \sum_{k=1}^{\infty} 3 a_{k-1} t^k$$

$$= 2a_2 + (6a_3 + 3a_0)t + \sum_{k=2}^{\infty} \{(k+2)(k+1) a_{k+2} + (k+2) a_{k-1}\} t^k.$$

これが t について恒等的に成り立つためには

$$a_2 = 0, \; 2a_3 + a_0 = 0, \; (k+1) a_{k+2} + a_{k-1} = 0 \; (k \geq 2)$$

でなければならない.
1) $a_0 = 1$, $a_1 = 0$ とおくと

$$a_{k+2} = -\frac{1}{k+1} a_{k-1}$$

より $a_{3k+1} = a_{3k+2} = 0 \; (k = 0, 1, \dots)$ となり

$$a_{3(k+1)} = -\frac{1}{3k+2} a_{3k} = \frac{(-1)^{k+1}}{(3k+2)(3k-1)\cdots 5 \cdot 2} \; (k \geq 0).$$

したがって，

$$y_1(t) = 1 + \sum_{k=1}^{\infty} \frac{(-1)^k}{(3k-1)(3k-4)\cdots 5 \cdot 2} t^{3k}$$

が $y_1(0) = 1$, $y_1'(0) = 0$ を満たす解である.
2) $a_0 = 0$, $a_1 = 1$ とおくと，同様の計算で $y_2(0) = 0$, $y_2'(0) = 1$ を満たす解は

$$y_2(t) = t \sum_{k=0}^{\infty} \frac{(-1)^k}{3^k k!} t^{3k}$$

となる. $y_2(t) = te^{-t^3/3}$ と書くことができて，y_1 と y_2 が 1 次独立な解である.

問題 4.1 固有値は 1 と −2 なので不安定（鞍点）

問題 4.2 $\langle \boldsymbol{x}, A(t)\boldsymbol{x} \rangle = -t^2 x_1^2 + 2t^3 x_1 x_2 - 2t^4 x_2^2 = -t^2(x_1 - tx_2)^2 - t^4 x_2^2 \leq 0$ より安定である.

問題 4.3 $J_{\boldsymbol{f}}(\boldsymbol{0}) = \begin{bmatrix} 0 & 1 \\ 2 & -1 \end{bmatrix}$ だから問題 4.1 より不安定.

問題 4.4 $U(x, y) = \dfrac{x^2}{2} - xy - \dfrac{1}{y} = C$

問題 4.5 積分因子は $\dfrac{1}{x^2}$ で, 解は $x + \dfrac{y^2}{x} = C$

問題 4.6 $y = \dfrac{2x^2}{1 + Cx^2}$, $y = 0$

問題 4.7 $y^2 - x^2 = Cx$

問題 4.8 x^2 で割って $u = y/x$ とおけば $2u - (3 + u^2)(xdu/dx + u) = 0$ これより
$-\dfrac{u + u^3}{3 + u^2} = x\dfrac{du}{dx}$, $\dfrac{3 + u^2}{u(1 + u^2)} du = -\dfrac{1}{x} dx$, $\left(\dfrac{3}{u} - \dfrac{2u}{1 + u^2} \right) du = -\dfrac{1}{x} dx$,
$3\log|u| - \log(1 + u^2) = -\log|x| + C$, $\log(|u|^3/(1 + u^2)) = -\log|x| + C$,
$|u|^3/(1 + u^2) = e^C/|x|$, $u^3/(1 + u^2) = c/x$, $(y/x)^3 = c(1 + (y/x)^2)/x$.
一般解は $y^3 = c(x^2 + y^2)$ となる.

別解 $d\left(\dfrac{x^2}{y^3} \right) = 2\dfrac{x}{y^3} dx - 3\dfrac{x^2}{y^4} dy$ に気が付けば $\dfrac{1}{y^4}$ が積分因子であることがわかる.

$$d\left(\frac{x^2}{y^3} + \frac{1}{y} \right) = 2\frac{x}{y^3} dx - \left(3\frac{x^2}{y^4} + \frac{1}{y^2} \right) dy = \frac{1}{y^4} \left(2xy\, dx - (3x^2 + y^2)\, dy \right)$$

より $\dfrac{x^2}{y^3} + \dfrac{1}{y} = C$. y^3 を掛けて $x^2 + y^2 = Cy^3$ が一般解となる.

問題 4.9 $y^{-3}y' + y^{-2} = x$ より $z = y^{-2}$ とおくとこの方程式は $z' - 2z = -2x$ となり, $y^{-2} (= z) = \dfrac{1}{2} + x + Ce^{2x}$

問題 A.1 ベクトル $\boldsymbol{x}$ の第 j 成分を x^j とすると, 不等式 $|x^j| \leq \|\boldsymbol{x}\|$ が成立する. この不等式よりベクトル列 $\boldsymbol{x}_m \in \boldsymbol{R}^n, m = 1, 2, \ldots$ が基本列ならば, その成分 x_m^j は $\boldsymbol{R}$ の基本列になるので, ある $x^j \in \boldsymbol{R}$ に収束する. このことより

$$\|\boldsymbol{x} - \boldsymbol{x}_m\| \leq \sum_{j=1}^{m} |x^j - x_m^j| \to 0, \ m \to \infty$$

となり, ベクトル列 $\boldsymbol{x}_m$ はベクトル $\boldsymbol{x}$ に収束することがわかった. したがって, $\boldsymbol{R}^n$ は完備である.

演習問題解答

第 1 章

演習 1 (1) $\quad y(t) = c_1 e^{(1+\sqrt{3})t} + c_2 e^{(1-\sqrt{3})t}$

(2) $\quad y(t) = c_1 e^{t/2} \cos(\sqrt{3}t/2) + c_2 e^{t/2} \sin(\sqrt{3}t/2)$

(3) $\quad y(t) = c_1 e^t + c_2 t e^t$

演習 2 (1) $\quad y(t) = c_1 e^{2t} + c_2 e^t + c_3 e^{-t}$

(2) $\quad y(t) = c_1 + c_2 e^{2t} + c_3 e^{3t}$

(3) $\quad y(t) = c_1 e^t + c_2 t e^t + c_3 e^{-t}$

演習 3 (1) $\quad y(t) = -t^2 + 2t - 4 + c_1 e^{(1+\sqrt{5})t/2} + c_2 e^{(1-\sqrt{5})t/2}$

(2) $\quad y(t) = \dfrac{1}{5} \cos t - \dfrac{2}{5} \sin t + c_1 e^t \cos t + c_2 e^t \sin t$

(3) $\quad y(t) = \dfrac{t^3 e^t}{6} + c_1 e^t + c_2 t e^t$

演習 4 (1) $\quad y(t) = \dfrac{e^{-t} t}{4} + c_1 e^t + c_2 t e^t + c_3 e^{-t}$

(2) $\quad y(t) = \dfrac{1}{4} t e^t \sin t - \dfrac{1}{4} t e^t \cos t + c_1 + c_2 e^t \cos t + c_3 e^t \sin t$

(3) $\quad y(t) = \dfrac{1}{24} e^t (t^4 - 2t^3 + 3t^2) + c_1 e^t + c_2 t e^t + c_3 e^{-t}$

演習 5 (1) $\quad Y(s) = \dfrac{2}{s^2 + 4s + 4}, \quad y(t) = 2t e^{-2t}$

(2) $\quad Y(s) = \dfrac{s}{s^4 + 5s^2 + 4}, \quad y(t) = \dfrac{1}{3} \cos t - \dfrac{1}{3} \cos 2t$

(3) $\quad Y(s) = \dfrac{1}{s^2(s^3 - 2s^2 + s - 2)},$
$$y(t) = -\frac{1}{2}t - \frac{1}{4} + \frac{1}{20}e^{2t} + \frac{1}{5}\cos t + \frac{2}{5}\sin t$$

(4) $\quad Y(s) = \dfrac{s(ds^2 + dc^2 + bc)}{s^4 + c^2 s^2 + a^2 s^2 + a^2 c^2},$
$$y(t) = \frac{1}{a^2 - c^2}\{bc\cos ct + ((a^2 - c^2)d - bc)\cos at\} \ (a^2 \neq c^2)$$

第2章

演習 1 (1) 固有値が 1 と 2 なので原点は不安定結節点.

(2) 固有値が -2 と 7 なので原点は鞍点.

(3) 固有値が 2 重解 2 なので原点は不安定結節点.

(4) 固有値が $5 \pm 4i$ なので原点は不安定渦状点.

(5) 固有値が $\pm 4i$ なので原点は渦心点.

演習 2 (1) $J = \begin{bmatrix} 3 & 0 & 0 \\ 0 & -1 & 1 \\ 0 & 0 & -1 \end{bmatrix}$, $P = \begin{bmatrix} 1 & -2 & 0 \\ 2 & -4 & -2 \\ 2 & -2 & -2 \end{bmatrix}$,

$$\boldsymbol{x}(t) = c_1 e^{3t} \begin{bmatrix} 1 \\ 2 \\ 2 \end{bmatrix} + c_2 e^{-t} \begin{bmatrix} -2 \\ -4 \\ -2 \end{bmatrix} + c_3 e^{-t} \left(\begin{bmatrix} 0 \\ -2 \\ -2 \end{bmatrix} + t \begin{bmatrix} -2 \\ -4 \\ -2 \end{bmatrix} \right)$$

(2) $J = \begin{bmatrix} -1 & 1 & 0 \\ 0 & -1 & 0 \\ 0 & 0 & -1 \end{bmatrix}$, $P = \begin{bmatrix} 3 & 6 & 5 \\ 1 & 0 & 0 \\ 1 & 1 & 1 \end{bmatrix}$,

$$\boldsymbol{x}(t) = c_1 e^{-t} \begin{bmatrix} 3 \\ 1 \\ 1 \end{bmatrix} + c_2 e^{-t} \left(\begin{bmatrix} 6 \\ 0 \\ 1 \end{bmatrix} + t \begin{bmatrix} 3 \\ 1 \\ 1 \end{bmatrix} \right) + c_3 e^{-t} \begin{bmatrix} 5 \\ 0 \\ 1 \end{bmatrix}$$

(3) $J = \begin{bmatrix} 1 & 1 & 0 \\ 0 & 1 & 1 \\ 0 & 0 & 1 \end{bmatrix}$, $P = \begin{bmatrix} 1 & -1 & 1 \\ 1 & 0 & 0 \\ 1 & 1 & 0 \end{bmatrix}$,

$$\boldsymbol{x}(t) = c_1 e^t \begin{bmatrix} 1 \\ 1 \\ 1 \end{bmatrix} + c_2 e^t \left(\begin{bmatrix} -1 \\ 0 \\ 1 \end{bmatrix} + t \begin{bmatrix} 1 \\ 1 \\ 1 \end{bmatrix} \right) + c_3 e^t \left(\begin{bmatrix} 1 \\ 0 \\ 0 \end{bmatrix} + t \begin{bmatrix} -1 \\ 0 \\ 1 \end{bmatrix} + \frac{t^2}{2} \begin{bmatrix} 1 \\ 1 \\ 1 \end{bmatrix} \right)$$

演習 3 (1) $\begin{bmatrix} x_1(t) \\ x_2(t) \end{bmatrix} = c_1 e^t \begin{bmatrix} 1 \\ 3 \end{bmatrix} + c_2 e^{2t} \begin{bmatrix} 0 \\ 3 \end{bmatrix} + \begin{bmatrix} -\frac{1}{2}\cos t + \frac{1}{2}\sin t \\ -\frac{3}{10}\cos t + \frac{9}{10}\sin t \end{bmatrix}$

(2) $\begin{bmatrix} x_1(t) \\ x_2(t) \end{bmatrix} = c_1 e^{-2t} \begin{bmatrix} 5 \\ -4 \end{bmatrix} + c_2 e^{7t} \begin{bmatrix} 4 \\ 4 \end{bmatrix} + \begin{bmatrix} \cos t - 3\sin t \\ -\cos t + \sin t \end{bmatrix}$

(3) $\begin{bmatrix} x_1(t) \\ x_2(t) \end{bmatrix} = c_1 e^{2t} \begin{bmatrix} 3 \\ -3 \end{bmatrix} + c_2 e^{2t} \left(\begin{bmatrix} 1 \\ 0 \end{bmatrix} + t \begin{bmatrix} 3 \\ -3 \end{bmatrix} \right) + \begin{bmatrix} t+2 \\ -3t-3 \end{bmatrix}$

(4) $\begin{bmatrix} x_1(t) \\ x_2(t) \end{bmatrix} = c_1 e^{5t}\left(\cos 4t \begin{bmatrix} 1 \\ 0 \end{bmatrix} - \sin 4t \begin{bmatrix} 1/2 \\ -1 \end{bmatrix}\right)$

$\qquad + c_2 e^{5t}\left(\cos 4t \begin{bmatrix} 1/2 \\ -1 \end{bmatrix} + \sin 4t \begin{bmatrix} 1 \\ 0 \end{bmatrix}\right) + \begin{bmatrix} -e^{-2t} \\ \frac{4}{5}e^{2t} \end{bmatrix}$

(5) $\begin{bmatrix} x_1(t) \\ x_2(t) \end{bmatrix} = c_1\left(\cos 4t \begin{bmatrix} 3 \\ 5 \end{bmatrix} - \sin 4t \begin{bmatrix} 4 \\ 0 \end{bmatrix}\right) + c_2\left(\cos 4t \begin{bmatrix} 4 \\ 0 \end{bmatrix} + \sin 4t \begin{bmatrix} 3 \\ 5 \end{bmatrix}\right)$

$\qquad + \begin{bmatrix} \frac{5}{6}\cos 2t + \frac{1}{2}\sin 2t + \frac{3}{2}t\cos 2t - t\sin 2t \\ \frac{5}{6}\sin 2t + \frac{5}{2}t\cos 2t \end{bmatrix}$

第3章

演習 1 (1) $\begin{bmatrix} x_1(t) \\ x_2(t) \end{bmatrix} = c_1 \begin{bmatrix} e^{\frac{t^2}{2}} \\ te^{\frac{t^2}{2}} \end{bmatrix} + c_2 \begin{bmatrix} 0 \\ e^{\frac{t^2}{2}} \end{bmatrix}$

(2) $\begin{bmatrix} x_1(t) \\ x_2(t) \end{bmatrix} = c_1 \begin{bmatrix} -e^{2t} \\ (1+t)e^{2t} \end{bmatrix} + c_2 \begin{bmatrix} 0 \\ e^{3t} \end{bmatrix}$

(3) $\begin{bmatrix} x_1(t) \\ x_2(t) \end{bmatrix} = c_1 \begin{bmatrix} e^{3t} \\ -2e^{2t} \end{bmatrix} + c_2 \begin{bmatrix} e^{5t} \\ 0 \end{bmatrix}$

(4) $\begin{bmatrix} x_1(t) \\ x_2(t) \end{bmatrix} = c_1 \begin{bmatrix} -e^t\cos t - 2e^t\sin t \\ 5e^t \end{bmatrix} + c_2 \begin{bmatrix} e^{3t} \\ 0 \end{bmatrix}$

(5) $\begin{bmatrix} x_1(t) \\ x_2(t) \end{bmatrix} = c_1 \begin{bmatrix} e^{\sin t} \\ -e^{\sin t}\cos t \end{bmatrix} + c_2 \begin{bmatrix} 0 \\ e^{\sin t} \end{bmatrix}$

演習 2 (1) $y(t) = c_1\dfrac{1}{t^2} + c_2\dfrac{\log t}{t^2}$

(2) $y(t) = c_1 t + c_2\dfrac{1}{t}$

(3) $y(t) = c_1\dfrac{1}{t^2} + c_2 t\cos(\sqrt{3}\log t) + c_3 t\sin(\sqrt{3}\log t)$

演習 3 (1) $y(t) = c_1 e^{-t^2/2+t} + c_2 e^{-t^2/2-t}$ $\quad (u = c_1 e^t + c_2 e^{-t})$

(2) $y(t) = c_1 t + c_2(2+t)e^{-2t}$

(3) $y(t) = c_1 e^t + c_2(t^3 + 3t^2 + 6t + 6)$

(4) $y(t) = c_1\cos e^t + c_2\sin e^t$

演習 4 (1) $y(t) = ce^{-3t}(2t^3 - t^4)$

(2) $y(t) = ce^{-2t}(3t^2 - t^3)$

第4章

演習 1 (1) 固有値は -1 と -2 なので漸近安定（結節点）.

(2) 固有値は $3i$ と $-3i$ なので安定（渦心点）.

演習 2 (1) $\langle \boldsymbol{x}, A(t)\boldsymbol{x} \rangle = -x_1^2 + 2\cos t x_1 x_2 - x_2^2 \leq -x_1^2 + 2|x_1 x_2| - x_2^2 = -(|x_1| - |x_2|)^2 \leq 0$ より安定である（2.2 と同様の議論をして漸近安定であることもわかる）.

(2) $\langle \boldsymbol{x}, A(t)\boldsymbol{x} \rangle = -x_1^2 + 4\cos t x_1 x_2 - x_2^2 \leq 0$ とはならないので, このことからは安定であるとはいえない. しかし $A(t)$ と $A(s)$ は可換だから基本行列 $X(t)$ は

$$U(t,0) = \exp \int_0^t A(r)\,dr = \exp \begin{bmatrix} -t & 2\sin t \\ 2\sin t & -t \end{bmatrix} = e^{-t} \exp \begin{bmatrix} 0 & 2\sin t \\ 2\sin t & 0 \end{bmatrix}$$

となることより漸近安定（$t \to \infty$ のとき $X(t) \to 0$）であることがわかる.

演習 3 (1) $J_f(\boldsymbol{0}) = \begin{bmatrix} 2 & -3 \\ 4 & -5 \end{bmatrix}$ だから定理 4.20 より漸近安定.

(2) $J_f(\boldsymbol{0}) = \begin{bmatrix} 1 & -2 \\ 5 & -1 \end{bmatrix}$ だから定理 4.25 より安定.

演習 4 (1) $U(x,y) = \dfrac{x^4}{4} + x^2 y + xy - \dfrac{y^4}{4} = C$

(2) $U(x,y) = e^x \sin y - e^y \cos x = C$

演習 5 (1) 積分因子は $\dfrac{1}{x^2 + y^2}$ で, 解は $\tan^{-1}\dfrac{y}{x} + 2x = C$

(2) 積分因子は $\dfrac{1}{y^2}$ で, 解は $\dfrac{x^2}{y} + y = C$

演習 6 $\cot y + \dfrac{1}{\cos x} = C$

演習 7 $y^3 = C(y^2 - x^2)$

演習 8 $(5x^3 + Cx^5)y^5 = 2$

あとがき

　この本によって微分方程式が理解できれば著者としてはこの上ない喜びであるが，普通数学は何冊か本を読んでみて理解が深まるものである．そこで以下に本書と関連の深いと思われる本を挙げてみた．線形方程式の理論と解の存在と一意性定理というもっとも基本的な部分は [1] の第 4 章にみられる．微分方程式の解の存在定理から始まる，本格的な微分方程式の教科書としては [2] がある．[3] は世界的に定評のある本である．また，楽しく読める本としては [4] があり，演習問題の豊富なものには [5] がある．

　この本で利用した Maxima のバージョンは 5.10.0, Gnuplot は 4.2.2 で Maxima のフロントエンドに使った TeXmacs は 1.0.6.11. OS は Debian/GNU Linux lenny/testing を用いたが Windows でも同じ結果が得られる．Gnuplot は Maxima のグラフィックを処理するソフトで，複雑な作図は Maxima からでなく直接 Gnuplot を利用した場合もある．Maxima の解説書には [6] がある．

関 連 図 書

[1]　ブルバキ　数学原論　実一変数関数　東京図書　1969

[2]　斎藤利弥　基礎常微分方程式論　朝倉書店　1979

[3]　V.I.アーノルド　常微分方程式　現代数学社　1981

[4]　笠原皓司　新微分方程式対話　日本評論社　1970

[5]　マイベルク／ファヘンアウア　常微分方程式　サイエンス社　1997

[6]　横田博史　はじめての Maxima　工学社　2006

索　引

著　者

長町　重昭　　徳島大学名誉教授
香田　温人　　元徳島大学理工学部

理工系　微分方程式の基礎

2009 年 3 月 30 日　　第 1 版　第 1 刷　発行
2023 年 3 月 30 日　　第 1 版　第 3 刷　発行

著　者　　長町　重昭　香田　温人
発行者　　発田和子
発行所　　株式会社　学術図書出版社

〒113-0033　　東京都文京区本郷 5 丁目 4 の 6
TEL 03-3811-0889　　振替　00110-4-28454
印刷　（株）かいせい